Michael Schneider

Spuren des Unbekannten

Kryptozoologie
Monster, Mythen und Legenden

Spuren des Unbekannten
Erschienen in der Twilight-Line

Twilight-Line Verlag GbR
Redaktion Kryptozoologie
Hauptstrasse 131
D – 63829 Krombach
Deutschland

www.twilightline.com
redaktion@twilightline.com
www.kryptozoologie.net

ISBN: 978-3-941122-25-3
2. überarbeitete Auflage / August 2008
Paperback-Edition

Coverentwurf: Alexandra Damjonat

Vorwort

Liebe Leserinnen und Leser,

dieses Buch, welches Sie gerade in Händen halten, ist eine indirekte Fortsetzung meines Buches *„Auf der Spur des Unbekannten“*, welches im Sommer 2001 mit einer Auflage von 500 Exemplaren erschien und welche recht schnell ausverkauft war. Im Herbst 2002 wurde ich dazu überredet diese Fortsetzung abzufassen, welche auf den auf der Webseite des Magazins *„Der einsame Schütze“* publizierten Texten beruhte. Die damalige Umsetzung wurde sehr schnell ausgeführt, weshalb das Endergebnis leider nicht sehr überzeugend war.

Mittlerweile sind 6 Jahre seit dieser vorschnellen Veröffentlichung vergangen, mehr als genug Zeit, um eine überarbeitete Neuauflage des Titels in einer Reloaded-Edition herauszugeben. Auch eine Neuauflage des Titels *„Auf der Spur des Unbekannten“* ist in Vorbereitung.

Dieses Buch selbst ist eine Erweiterung des Buches *„Auf der Spur des Unbekannten“* und führt einige Kryptide auf, welche in diesem Buch nicht weiter aufgegriffen, aber erwähnt wurden. Es bietet keine allumfassenden Erklärungen und ist auch nicht als vollständiger Katalog anzusehen. Vielmehr bietet dieses Buch einen kleinen spezifischen Überblick über einige Wesen der Kryptozoologie, um diese dem Leser etwas näher zu bringen.

Bei der Ausarbeitung des Inhaltes wurde dabei ein gewisser Abstand zu den klassischen Kryptiden, wie etwa Nessie, dem Bigfoot oder dem Yeti genommen, da es hierüber eine Unzahl an speziellen Publikationen gibt. Stattdessen befasst sich dieses Buch mit einigen wenigen, der breiten Öffentlichkeit weniger bekannten, Wesen der Kryptozoologie.

Letztendlich möchte ich mich an dieser Stelle noch bei meiner Ehefrau Nadine Schneider, Frau Martina Lohr, Herrn Markus Hemmler, Herrn Hans-Jörg Vogel und all den Lesern des Magazins *„Der einsame Schütze“* bedanken, welche mir ehemals bei der Realisierung dieses Buches und der Arbeit am Magazin *„Der einsame Schütze“* hilfreich zur Seite standen.

Nun möchte ich Sie nicht mehr länger mit der Vorgeschichte dieses Buches aufhalten und wünsche Ihnen viel Spaß beim Lesen, wenn Sie den *Spuren des Unbekannten* in die phantastische Welt der Kryptozoologie folgen.

Michael Schneider
Autor/Herausgeber

Flachlandgorilla (Präparat im Naturkundemuseum Senckenberg / Frankfurt am Main)

Der Mensch und unbekannte Lebewesen

Die Erde - ein winziges Staubkörnchen in den unendlichen Weiten des Universums. Ein winziger blauer Planet am Rande einer gewaltigen Galaxie, der Milchstraße, welcher einen kleinen Stern umkreist, unsere Sonne. Im Laufe seiner Geschichte seit der Entstehung vor etwa 4,5 Milliarden Jahren bevölkerten unzählige Lebensformen diesen Planeten. Von einfachen Bakterien und Einzellern bis hin zu gewaltigen Dinosauriern und letztendlich dem modernen Menschen, verbreitete sich das Leben fast überall auf dieser kleinen Kugel im All, welche unser aller Heimat wurde.

Auch wenn es Zeiten gab in denen fast alles Leben wieder durch unvorstellbare Katastrophen ausgelöscht wurde, so bevölkerte dies doch immer wieder innerhalb kürzester Zeitperioden den Planeten von den Tiefen der Meere bis hin zu den Gipfeln der großen Gebirge. Sobald eine dominante Spezies entstand und über lange Zeiträume das Bild der Lebensformen auf der Erde prägte, kam auch immer wieder ein Punkt, an welchem diese Ära ein Ende fand und andere Lebewesen deren dominanten Platz einnahmen.

Alles begann mit einfachen Einzellern, gefolgt von ersten Algen und Wasserpflanzen. In den Meeren entwickelte sich das erste tierische Leben, während die ersten Pflanzen den Weg auf das Land fanden. Fische entstanden und lernten während ihrer Evolution, wie man das Land eroberte. Eine Ära der Amphibien, Lurche und Urechsen brach an, bis auch diese durch Lebewesen abgelöst wurden, welches alles bisher dagewesene in den Schatten stellte: die Dinosaurier.

Als auch die Ära der Dinosaurier vor 65 Millionen Jahren durch eine Naturkatastrophe ein Ende fand, folgten auf deren Spuren Vögel und Säugetiere, um das Land und die Luft zu erobern. Mit der Zeit entwickelten sich die unterschiedlichsten Lebewesen weiter, bis hin zu einer neuen Krone der Schöpfung auf diesem Planeten, welche wiederum alles dagewesene in den Schatten stellen sollte. Eine Lebensform, welche es in nur wenigen Jahrtausenden schaffen sollte den Planeten grundlegend zu verändern und sich einen eigenen Lebensraum zu schaffen, auch wenn die Lebensumstände noch so widrig waren. Der Mensch war auf der Spielwiese des Lebens erschienen.

Der Mensch vollbrachte Leistungen, welche im ganzen Tierreich ihresgleichen suchen. Er entwickelte Werkzeuge, Sprache und Schrift, mit welchem es dem Menschen gelang seine Erfahrung an die kommenden Generationen weiterzugeben, auf dass diese darüber verfügen und diese noch weiter verbessern konnten. Schon sehr früh begann der Mensch damit sich seiner Umwelt bewusst anzunehmen, er hinterfragte den Sinn des Lebens und wollte alles über die Dinge und Wesen seiner eigenen Welt herausfinden.

Bereits der *Cro-Magnon-Mensch* schuf vor 20.000 bis 30.000 Jahren noch heute beeindruckende Höhlenmalereien, welche sehr häufig die Tiere jener

Zeit wiedergeben. Doch mit dem Siegeszug des Menschen begann er kontinuierlich seine Umwelt zu verändern und gezielte Jagd auf andere Lebewesen zu machen. Der Mensch gründete schließlich Siedlungen und Städte, innerhalb kürzester Zeit wurde aus dem einstmals baumbewohnenden Primaten der moderne Mensch (*Homo sapiens sapiens*), welcher imstande war gewaltige Bauwerke zu schaffen. Nur sehr wenige Jahrtausende später sitzen wir heute vor Computern, welche für uns alles mögliche erreichen können. Wir übermitteln Daten, Bilder, Töne und sonstige Informationen weltweit innerhalb weniger Sekunden und haben Waffen geschaffen, welche den Menschen als dominierende Spezies auslöschen könnten, um anderen Lebewesen einen neuen Spitzenplatz der Evolution zu geben. Wir haben fast alle Lebensräume dieses Planeten erkundet, von den höchsten Schichten der Atmosphäre bis hin zu den Tiefen der Ozeane. Doch so sehr der Mensch auch nach weiterer Perfektion und neuem Wissen strebt, es gibt immer noch Lebewesen, welche wissenschaftlich nicht erforscht oder gar bekannt sind.

Hinzu kommen Arten, welche der Mensch zwar kennt, aber über die wir fast nichts wissen, da sie in Lebensräumen existieren, in denen der Mensch noch nicht die absolute Kontrolle erlangt hat. Zu nennen wäre hier der Lebensraum Ozean, welcher immerhin rund 70% der Erdoberfläche bedeckt und eine weltweite mittlere Tiefe von etwa 4500 Metern besitzt. In bestimmten Tiefseegräben, etwa dem Mariannengraben im pazifischen Ozean, erreicht man Tiefen von 11.000 Metern Wassertiefe. Im Laufe der letzten 100 Jahre gelangen dem Menschen zwar faszinierende Entdeckungen in diesem Lebensraum, aber dennoch ist unser Wissen über die Lebewesen des Meeres ziemlich gering. In küstennahen Gebieten der Ozeane ist das Wissen über die Meereslebewesen dieser Gebiete sehr gut dokumentiert, zumindest bis in eine Wassertiefe von etwa 100 Metern. Anders hingegen sieht es mit den Lebewesen des offenen Meeres aus, denn je weiter man sich von festem Land entfernt, desto schwieriger wird eine genaue Beobachtung und Untersuchung der dortigen Lebewesen. Ebenso verhält es sich mit dem Wissen über all jene Tiere, welche in den Tiefen der Meere leben. Wie bereits erwähnt sind die meisten Arten der oberen Wasserschichten in Küstennähe bekannt und gut dokumentiert. Dies liegt vor allem auch daran, dass man in diesen Gebieten seit jeher viel Fischerei betreibt und es der Wissenschaft seit der verbesserten Entwicklung der Tauchgeräte ab Mitte des 20. Jahrhunderts immer besser möglich wurde Forschungen bis in diese Tiefe dauerhaft zu betreiben. Doch dieses Wissen lässt kontinuierlich nach, je weiter man einen Blick auf die Lebewesen der Tiefe wirft. Ab einer Tiefe von 100 Metern sinkt der Wissensstand über die einzelnen Lebewesen rapide.

An dieser Stelle möchte ich auf einige Meeresbewohner hinweisen, welche allgemein bekannt sind, aber über deren genaue Lebensumstände sich immer noch große Rätsel ranken. Wohl jeder der Leser kennt jenen mordgierigen Hai aus Peter Benchley's Roman „*Jaws*" (deutscher Titel „*Der weiße Hai*") oder Steven Spielberg's gleichnamiger Verfilmung des Stoffes. Millionen von Menschen kennen und fürchten jenen Hai aus der Gattung *Carcharodon carcharias*, dem berüchtigten Menschen- oder Weißhai, welcher eine Länge von bis zu

8 Metern erreichen kann. Dieser große Jäger des Meeres ist weltweit in allen Meeren anzutreffen (sehr selten in Mittelmeer und Nordsee), doch vieles über diesen Hai ist im Grunde genommen nichts weiter als eine große Horrorgeschichte, welche auf der Phantasie der Menschen beruht. Nicht zuletzt wegen seines schlechten Rufes als Killer der Meere, welcher sehr stark durch den Roman und den Film angeheizt wurde, ist dieses faszinierende Wesen stark bejagt worden, so dass dieser mächtige Hai heute zu den stark gefährdeten Tierarten gehört. Doch außer seinen Fressgewohnheiten und Verbreitungsgebieten wissen wir immer noch fast nichts über dieses Wesen, abgesehen von etlichen Vermutungen über sein wahres Leben. Leider besteht die Möglichkeit, dass dieser faszinierende Hai schneller ausgerottet wird, als dass der Mensch hinter all seine Geheimnisse gelangen kann.

Ein weiteres fast gänzlich unbekanntes Wesen sind Riesenkalmare, wie *Architeuthis, Mesonychoteuthis* und deren Verwandte, wobei es vermutlich noch eine Reihe von unentdeckten Arten der Riesenkalmare in den Tiefen der Meere geben mag. Solange der Mensch berichten kann, gab es immer wieder Erzählungen über gewaltige Kraken, welche ganze Schiffe angriffen und Boote in die Tiefe zogen. Auch Walfänger konnten so manche Erzählung über diese „Monster" tätigen. Walfänger gehörten auch zu den ersten Menschen, welche von gewaltigen Tentakeln berichten konnten, welche Pottwale im Todeskampf hervorwürgten. Erst als man im späten 19. Jahrhundert einen Kieferschnabel eines großen *Architeuthis* wissenschaftlich beschrieb, erhielt dieser Koloss der Tiefe seinen Einzug in die anerkannte Zoologie. Immer wieder werden zudem Kadaver angeschwemmt, welche uns ein klein wenig Wissen über diese Tiere vermitteln konnten. Dennoch gelang es bis heute niemandem ein einziges lebendes Exemplar in seinem Lebensraum aufzuspüren oder gar zu beobachten, welchen man auf eine Wassertiefe zwischen 1500 und 3000 Metern schätzt, aufbauend auf die Jagdtiefe der Pottwale, bei welchen Riesenkalmare zum Nahrungsangebot gehören. Eine Sensation stellten schon Videoaufnahmen dar, welche im Jahre 2005 von einem lebenden Riesenkalmar gemacht werden konnten, als dieser sich in geringer Tiefe an einem ausgelegten Köder an einer Fangleine festbiss. Alle Vermutungen zum Lebenszyklus und der Lebensweise dieses Wesens beruhen auf der Beobachtung anderer kleinerer Kalmararten, wie etwa dem Humboldtkraken. Aufgrund der bisherigen Funde geht man von einer Maximalgröße von etwa 20 bis 25 Metern inkl. Fangtentakeln aus, wobei die Standardgröße zwischen 14 und 18 Metern liegen dürfte. Jedoch existieren Hinweise, welche auf erheblich größere Exemplare hindeuten. So fand man an Pottwalen Saugnapfspuren, welche auf eine Gesamtgröße von 30 Metern und mehr schließen lassen, im Vergleich zu den bekannten Saugnapfgrößen der gefundenen Kadaver. Jedoch sind diese Abdrücke nur als Hinweis zu sehen, nicht als Beweis, da diese z.B. dem jungen Wal zugefügt worden und mit diesem mitgewachsen sein können.

Diese beiden Beispiele sollen wegen Ihrer Bekanntheit hier einmal genannt sein, detailliertere Beschreibungen finden Sie ebenfalls in diesem Buch.

Neben den bereits bekannten Lebewesen bergen die Tiefen der Meere auch noch unzählige völlig unbekannte Tiere und nicht selten werden bei Tauchfahrten immer wieder neue Entdeckungen gemacht, nur leider finden diese kaum Erwähnung in den großen Massenmedien. Nur bei wirklich spektakulären Funden kommen hin und wieder einmal Meldungen in Presse und TV, so etwa wie die Entdeckung einer neuen Kalmarart mit spaghettiförmigen Tentakeln im Dezember des Jahres 2001.

Ein großes Problem bei der Erforschung des Lebensraumes Tiefsee stellt sich aber in Form der verwendeten Technik dar. Unsere moderne Technik ist momentan noch nicht in der Lage Lebewesen in der Tiefe auszumachen, geschweige denn diese selbständig dauerhaft zu observieren. Sonar funktioniert nur begrenzt mit zunehmender Wassertiefe, was an veränderten Salzgehalten des Wassers und anderen Faktoren, wie dem berüchtigten Thermal-Layer liegt, durch welche die Schallwellen des Sonars verstreut werden. Tauchboote sind sehr laut während ihres Betriebes und bieten nur sehr kurze Einsatzzeiten. Zudem strahlen diese Licht über ihre Scheinwerfer ab, was die meisten der Tiefseebewohner abschrecken dürfte. Bessere Techniken zur lautlosen Langzeitbeobachtung sind zwar geplant, jedoch derzeit noch nicht im Einsatz. Würde man heute mit der Technik, welche momentan zur Erforschung der Tiefsee zur Verfügung steht, versuchen die Tiere an Land z.B. vom Weltraum aus zu entdecken, so würden wir nicht einmal die Elefanten kennen.

Bislang gingen wir in dieser Einführung nur auf den Lebensraum Ozean ein, doch auch auf dem Land sind immer noch faszinierende Entdeckungen zu machen. Zwar kann man davon ausgehen, dass man fast alle großen Säugetiere unseres Planeten entdeckt hat, doch gibt es in einigen unzugänglichen Gebieten unserer Welt trotzdem noch Berichte, Erzählungen und Hinweise auf bislang unbekannte Lebewesen. Auch wenn die Forschung an Land einfacher durchzuführen ist als beispielsweise die Erforschung der Lebewesen der Tiefsee, so gibt es trotzdem noch eine ganze Reihe an Gebieten, in welche der Mensch kaum vordringt oder welche sehr dünn besiedelt wurden. Zu diesen Gebieten zählen nicht nur abgelegene Inseln, sondern auch hohe Gebirge, Regenwälder, Ödlandsteppen und Wüsten, welche immer noch den größten Teil des Festlandes ausmachen.

Obwohl der Mensch momentan weit mehr als 6,5 Milliarden Individuen auf der Erde zählt, sind doch diese Gebiete kaum besiedelt oder zugänglich. Man bedenke nur einmal wie unzugänglich die großen Waldgebiete der USA, Russlands und Sibiriens sind, in welche kaum Menschen vordringen. Alleine in diesen Lebensräumen könnten noch Hunderte unentdeckter Arten leben, egal ob nun ein großer Primat, wie etwa der legendäre Bigfoot oder der Almasty, unbekannte Bären, große Hirscharten, unbekannte Raubtiere oder große Vögel. In all diesen Gebieten existieren Berichte über diverse Wesen, welche bislang nicht zoologisch nachgewiesen werden konnten und welche sich vor der zoologischen Erfassung verbergen.

Auch aus den Steppen- und Wüstengebieten gibt es immer wieder Berichte über seltsame Wesen, welche dort leben sollen, aber trotzdem bislang aus Mangel an Beweisen nicht zoologisch erfasst wurden. So gibt es in Mittelamerika z.B. die Onzakatze, welche vermutlich zu den Berglöwen gehört, als auch den berüchtigten Chupacabras, welcher Ziegen und andere Tiere anfällt und tötet, um deren Blut zu trinken. In der Mongolei existieren viele Wesen in den Legenden der dort lebenden Menschen, allen voran der tödliche Todeswurm, welcher im Wüstensand lebt.

Die großen Regenwälder am Äquator in Südamerika, Afrika und Asien bieten auch unzähligen Wesen Schutz und Versteck, von denen die Einheimischen oftmals sehr gut Bescheid wissen, jedoch wiederum kein zoologischer Nachweis existiert. Hier reicht das Spektrum sogar von großen Sauropoden, wie das *Mokele mbembe,* über Flugechsen wie den Kongamato, kleine Waldmenschen wie Orang Pendek, bis hin zu riesigen Schlangen, welche im dichten Dschungel leben sollen.

Weltweit gibt es auch in den Gebirgen verschiedenste große Lebewesen, welche in den abgelegenen Gebieten existieren sollen. So z.B. in den Alpen den alpinen Tatzelwurm, der Yeti im Himalayagebirge oder auch verschiedene Raubtiere in den großen Gebirgen Südamerikas.

Auch in den großen Seen auf dem Festland verbergen sich noch eine ganze Reihe von Rätseln der Tierwelt, allen voran sollte man hier wohl Nessie im schottischen Loch Ness, sowie den Champ im Lake Champlain erwähnen. Aber auch hier gibt es Berichte aus der ganzen Welt, welche einer direkten Erforschung jener Wesen hinter den Berichten und Legenden harren.

Abschließend sollte man noch erwähnen, dass der Mensch im Laufe der Geschichte auch immer wieder Tiere ausgerottet hat, etwa den Beutelwolf, die Stellersche Seekuh, die Dronte und viele weitere Arten, welche trotzdem noch in irgendeinem abgelegenen Gebiet überlebt haben könnten. Ebenso wie es überlebende Vertreter aus der Vergangenheit der Erde geben könnte, wie das Beispiel des Quastenflossers sehr gut zeigt. Immerhin galt dieser ebenfalls seit Jahrmillionen als ausgestorben, bis man ihn in der ersten Hälfte des zwanzigsten Jahrhunderts wiederentdeckte und dieser somit wieder als rezentes Tier in die Zoologie eingehen konnte.

Genau bei diesen „verborgenen" Lebewesen setzt nun die sogenannte „Kryptozoologie" an, welche es sich zur Aufgabe macht, eben den Nachweis für diese Tiere zu erbringen oder in das Reich der Fabel einzustufen. Der Begriff Kryptozoologie leitet sich aus den drei griechischen Begriffen „kryptos" für „verborgen", „zoon" für „Tier" und „logos" für „Studie" ab, was im Endeffekt soviel bedeutet wie „Studie der verborgenen Tiere". Mitte der fünfziger Jahre des zwanzigsten Jahrhunderts wurde diese vom Vater der Kryptozoologie, Bernard Heuvelmans, definiert und geschaffen. Die Zoologie als auch die Kryptozoologie sind zwei sehr eng verwandte Forschungsgebiete, deren Grenzen nicht klar definierbar sind. So wird man die Kryptozoologie oftmals nicht als eigenständige Wissenschaft anerkennen, sondern als erweiterte Studie der Zoologie. Das wichtigste Ziel sollte jedoch bleiben, all jene Wesen aufzuspüren und zu erforschen, welche bislang verborgen sind oder als ausgestorben gelten, für welche es aber Hinweise auf deren Existenz gibt. Ebenso die Erforschung jener Wesen, welche hinter Sagen, Legenden und Mythen stehen, genauso wie der Nachweis der realen Tiere hinter so mancher Monsterbeschreibung. Doch mit zunehmender Ausbreitung des Menschen auf unser aller Planet, der Erde, werden täglich immer mehr Lebensräume zerstört und viele Arten gehen verloren, bevor wir jemals Gelegenheit dazu hatten diese zu entdecken...

Eine Frage, welche wir immer wieder gestellt bekommen, ist jene, was denn die Kryptozoologie überhaupt sei, da man entweder rein gar nichts mit dem Begriff an sich anfangen kann, oder aber man diesen gleich mit Ungeheuern wie Nessie, dem Bigfoot, Drachen oder dem Yeti verbindet. Das Bild der Kryptozoologie in den Medien wird zudem meist durch Monstermeldungen geprägt, obwohl die Kryptozoologie an sich als eine erweiterte Studie der Zoologie anzusehen ist, die sich mit weitaus mehr befasst, als nur mit der Suche nach ein Ungeheuern und Fabelwesen.

Ein weiterer Punkt, welcher ebenfalls sehr oft mit der Thematik der Kryptozoologie in Verbindung gebracht wird, ist ebenso falsch formuliert wie der Aspekt der „Monstersuche“. Auf einer Unzahl von Webseiten wird die Kryptozoologie immer mit der Entdeckung von bislang völlig unbekannten Tieren in Verbindung gebracht, so dass aus jeder zoologischen gleich eine kryptozoologische Entdeckung wird, obwohl dies eine völlig falsche Darstellung ist. Zoologische Entdeckungen sind zwar auch für die Kryptozoologie von großem Interesse, haben aber nur bedingt etwas mit Kryptozoologie zu tun.

Um die Methodik der Kryptozoologie zu erklären, fangen wir einmal mit der Definition des Begriffes an sich an. Viele Menschen, besonders in der westlichen Welt, sind der Auffassung, das heute unsere Welt so gut wie komplett erforscht wurde und auch im Reich der Tiere kaum noch etwas zu entdecken ist. Die Zoologie befasst sich mit bereits bekannten Arten und fügt durch Beobachtungen nur noch neues Wissen über diese bekannten Tiere hinzu. Auch der Schutz der Tiere durch die menschliche Bedrohung ist eine wichtige Aufgabe der Zoologie. Immerhin sind zoologisch mehr als 1,75 Millionen Tierarten dieses Planeten zusammengenommen bekannt. Zudem werden ständig neue Arten entdeckt, welche es ebenfalls zu erforschen gilt. Und der französische Baron und Naturwissenschaftler Georges Cuvier gab bereits im Jahre 1819 bekannt, dass man kaum noch unentdeckte Tiere finden könne. Und heute scheint unsere Welt durch Satelliten, Radar, Sonar, Telekommunikation und das Internet viel kleiner und völlig entdeckt zu sein.

Doch diese Annahme ist weit gefehlt, wenn man diese 1,75 Millionen Tierarten für das gesamte Spektrum des Lebens hält. Faktisch ist dies jedoch nur ein kleiner Bruchteil der unbekannten 5 bis 30 Millionen Arten, welche noch vermutet werden (offiziell haben sich die Zoologen auf 15 Millionen geeinigt). Und dabei kennen die meisten Menschen noch weniger als 0,01 Prozent davon. Große Teile unserer Erde sind immer noch absolutes Neuland, denn selbst modernste Satellitentechnik kann nicht den Forscher und Entdecker vor Ort selbst ersetzen. Und diesem sind Grenzen gesetzt, nämlich immer dann, wenn die Natur selbst ein erreichen der Region unmöglich macht bzw. selbst unter großem Technikaufwand erheblich erschwert. Und natürlich ist eine intensive Suche mit erheblichem Kostenaufwand verbunden, welcher vielen Forschern einfach nicht zur Verfügung steht. Hinzu kommt erschwerend, dass der Mensch mittlerweile extrem viele Arten in ihrem angestammten Lebensraum ausgerottet hat, bevor diese überhaupt zoologisch erfasst werden konnten. Auch die Frage nach längst ausgestorbenen Tieren und deren möglichen

Überleben kommt noch als offene Fragestellung hinzu. Und genau hier setzt dann auch die Kryptozoologie an.

Ein großer Teil der modernen Menschen wissen, mit welcher Thematik sich die wissenschaftlichen Disziplinen der Paläontologie oder der Zoologie beschäftigt, doch was ist mit der Kryptozoologie? Eine klarere und ausführlichere Definition, als die grobe Übersetzung des Wortes, zog der bekannte Kryptozoologe Professor Loren Coleman (University of Southern Maine): *„Kryptozoologie ist die Studie von versteckten Tieren (ob groß oder klein), welche von der (meist) westlichen Wissenschaft nicht anerkannt werden, deren Existenz aber trotzdem von menschlichen Wesen bezeugt werden kann“.*

Die International Society of Cryptozoology (ISC) versuchte sich 1982 an einer weiteren Definition. Demnach enthält die Kryptozoologie auch die mögliche Existenz bekannter Tiere in Gebieten, wo deren Vorkommen nicht vermutet wird, ebenso wie das unbekannte fortdauern vermeintlich ausgestorbener Tiere in die heutige Zeit oder in die jüngste Vergangenheit. Eine etwas neuere Definition schließlich hat auch das Aufspüren neuer, noch unbekannter Arten, welche sich bis zum heutigen Tage vor der Entdeckung entziehen konnten, obwohl deren Lebensraum als erschlossen gilt, in die Systematik mit eingegliedert. In diese letzte Gruppe fallen Tiere, welche zwar bereits Menschen in besiedelten Gebieten aufgefallen sind, deren Art jedoch noch nicht zoologisch erfasst wurde. Selbst in der unmittelbaren Nähe großer Städte und eigentlich erforscht geglaubter Umwelt werden neue Arten entdeckt. Warum sollte es in solchen Regionen also nicht noch Tiere geben, die uns vollkommen unbekannt oder als ausgestorben geglaubt sind? Immerhin finden hier ständig neue Entdeckungen statt. Doch hier liegt der wichtigste Punkt der Unterscheidung zwischen Krypto- und normaler Zoologie darin begründet, ob diese Tiere der ansässigen Bevölkerung bereits aufgefallen und somit bekannt waren, jedoch noch nicht zoologisch erfasst wurden, oder ob die Entdeckungen völlig unbekannter Natur sind.

Neben dem hauptsächlich zoologisch geprägtem Aufgabenfeld der Kryptozoologie haben wir dann auch noch jenen Teil, welcher sich mit der Identifizierung von mythologischen Wesen beschäftigt. Dieser Teilbereich wird deshalb auch als „Mythologische Kryptozoologie“ bezeichnet. Wenn man z.B. auf der Spur einer Drachenlegende wandelt und als Ergebnis z.B. einen unbekannten Waran findet, oder eine bereits bekannte Waranart als Hintergrund des Mythos identifizieren kann, wäre dies eine direkte kryptozoologische Entdeckung.

Und dann kommen die „Ungeheuer“ und „Monster“ ins Spiel, deren Hintergründe die Kryptozoologie erforscht. Vornehmlich ist dabei die Identifizierung und Erfassung der Tiere der wichtigste Aufgabenpunkt. Oftmals können solche „Ungeheuer“ als völlig normale Tiere identifiziert werden. Doch sind diese nicht das Hauptaufgabengebiet der Kryptozoologie. Die (ernsthafte) Kryptozoologie beschäftigt sich vor allem mit der Entdeckung und Dokumentation normaler Tiere, welche verborgen vor dem Menschen leben. Vor allem der Nachweis von Tieren, welche als bereits ausgestorben gelten, ist ein wichtiger Bestandteil der Kryptozoologie. Dies sind in der Regel Fische, Ratten, Vögel, Echsen, Amphibien, sehr viele Insekten und Spinnen, Primaten, Raubkatzen und weitere diverse Säugetiere.

Ein anderer Teilbereich wird unter dem Oberbegriff „Hominologie" geführt, welcher sich mit der Frage von eventuell weiteren existenten Menschenarten, bzw. mit der Weiterexistenz von Menschenvorgängern bis in die heutige Zeit befasst. In diese Kategorie gehören z.B. der legendäre Bigfoot, der Yeti, der Alma und viele weitere Arten von menschenähnlichen Wesen, welche überall auf der Erde gesichtet wurden und werden.

Doch davon wird in den meisten Medien und auf den meisten Webseiten von Kryptozoologie-Fans kein Wort erwähnt. Tatsächlich ist die Suche nach Drachen, Bigfoot und anderen „Monstern" nur ein Randgebiet der Kryptozoologie. Aber dieses Randgebiet übt auf die breite Öffentlichkeit wohl den meisten Reiz aus, wodurch leider die reguläre Arbeit der Kryptozoologie auf der Strecke bleibt und ein unbeachtetes Schattendasein führt.

Der Zoologe Bernard Heuvelmans (geb. 10. Oktober 1916 in Le Havre/Nordfrankreich) wird heute als moderner „Vater der Kryptozoologie" angesehen. Der Begriff Kryptozoologie selbst wurde von ihm in den späten fünfziger Jahren geprägt und vom Chefinspektor der französischen Übersee-Territorien, Lucien Blancou, erstmals in einer wissenschaftlichen Publikation, die Heuvelmans gewidmet wurde, verwendet („Bernard Heuvelmans, Maitre de la Cryptozoologie") und somit öffentlich bekannter. Heuvelmans sammelte Tausende von Berichten, Legenden, Sagen, Geschichten und Indizien verborgener Tiere und prägte durch seine Arbeit die Kryptozoologie nachhaltig. Zu seinen Publikationen zählen zahlreiche Bücher über dieses Thema, so unter anderem auch die Referenzwerke „*On the Track of Unknown Animals*", „*In the Wake of the Sea-Serpents*" oder „*The Kraken and the Colossal Octopus: In the Wake of the Sea-Monsters*". Im Jahr 1981 gründete er zusammen mit Roy P. Mackal, J. Richard Greenwell und einigen anderen die „*International Society of Cryptozoology*" mit Sitz in Tucson/Arizona, welche sich mit diversen Schriftveröffentlichungen (*ISC Newsletter* und das *Journal Cryptozoology*) sehr verdient gemacht hat und mittlerweile aufgrund mehrerer bedauerlicher Umstände aufgelöst wurde. Heuvelmans selbst lebte eher zurückgezogen, da er seit den neunziger Jahren schwer erkrankt war. Am 23. August 2001 starb Bernard Heuvelmans an Herzversagen.

Die kryptozoologisch interessanten Lebewesen selbst werden als Kryptiden bezeichnet, eine Bezeichnung die aus einem Brief an die International Society of Cryptozoology von John E. Wall aus dem Jahr 1983 stammt.

In Deutschland gab es bislang einige, mittlerweile wieder aufgelöste, Ansätze zur ernsthaften Kryptozoologie, wie etwa das „Zentrum für kryptozoologische

Forschung“ (ZkF) in Berlin, welches durch Herrn Hans-Jörg Vogel begründet wurde. Im Jahr 2005 schließlich wurde eine neue Gruppierung ins Leben gerufen, der „Verein für kryptozoologische Forschungen e.V.“ (VkF), welche sich der Thematik angenommen hatte, welche jedoch im Jahr 2008 aufgrund mangelnder Mitwirkung der Mitglieder wieder aufgelöst wurde.

Durch die Arbeit einiger weniger Personen nimmt die Öffentlichkeit in den letzten Jahren immer mehr Notiz von der Kryptozoologie. Im TV sind teilweise recht ansprechende und gute Dokumentationen zu sehen, welche auf der ernsthaften Erforschung kryptozoologischer Wesen (Kryptide) beruhen. Auch in der seriösen Presse werden immer mehr kryptozoologische Themen verarbeitet.

Leider, und dies ist ein negativer Punkt an den Massenmedien, werden in der Regenbogenpresse und im Internet immer noch etliche Meldungen mit der Kryptozoologie in Verbindung gebracht, welche definitiv nichts damit zu tun haben. Wenn z.B. eine zweiköpfige Schildkröte geboren wird, ist dieses Ereignis fast immer unter dem Thema „Kryptozoologie“ abgelegt. Doch solche Launen der Natur, welche zudem nicht einmal der Methodik der kryptozoologischen Forschung unterliegen, sind keine Kryptiden und müssen nicht einmal erforscht werden. Anders wäre der Fall gelagert, wenn man eine zweiköpfige Schildkröte in der Natur beobachten würde, ohne genau zu wissen, um welches Tier es sich dabei handeln könnte. Geht man dann Aufgrund eines solchen Augenzeugenberichtes der Geschichte nach und würde dann eine zweiköpfige Schildkröte finden, welche zudem nicht einmal an diesem Ort vermutet wurde, hat man eine kryptozoologische Entdeckung gemacht.

Blickt man einmal durch das Internet, wird man aber überall solche Fehlinformationen vorfinden, wo aus normalen Ereignissen plötzlich kryptozoologische Entdeckungen gemacht werden.

Kommen wir zum Abschluss noch einmal zurück zum TV. Es gibt, wie bereits erwähnt, einige gute Sendungen mit kryptozoologischen Themen. Aber auch die Schattenseite hiervon ist an der Tagesordnung. Monster und Gruselgeschichten über Ungeheuer vermarkten sich nun einmal gut, so dass auf die wenigen guten Sendungen eine Schwemme an unseriösen Falschmeldungen folgt.

Eines der wichtigsten Ziele der Kryptozoologie muss also auch sein, ein öffentliches Bewusstsein und Anerkennung als seriöse Forschungsrichtung zu schaffen. Leider werden die wenigen Erfolge in dieser Richtung durch die beschriebene Schwemme an Fehlinformationen erheblich erschwert. Aber nach 50 Jahren offizieller Kryptozoologie, in welcher diese eher ein Schattendasein als ernsthafte wissenschaftliche Forschungsrichtung führte, befinden wir uns aktuell an einem Punkt, an welchem endlich mehr Menschen davon Kenntnis nehmen.

Fabelwesen

Unter dem Begriff „Fabelwesen“ versteht man in erster Linie Kreaturen, welche ausschließlich in Märchen, Sagen und Legenden vorkommen. Aber in der Kryptozoologie dienen auch alte Mythen, Sagen und Legenden als Hinweise auf bislang unentdeckte oder falsch gedeutete Tierarten. Nun ist es allerdings so, das auch hier eine alte Weisheit zutrifft: *Hinter jeder Legende steckt ein wahrer Kern.*

Sicher, man kann davon ausgehen, dass es keine Wesen wie Drachen, Einhörner oder Lindwürmer jemals wirklich gab, aber eben hinter diesen Legenden liegen oftmals sehr reale Tiere oder Überreste einstmals existenter Tiere zugrunde. So kann man ohne große Probleme nachvollziehen wie so manche Drachensage entstand, als unsere Vorfahren gewaltige versteinerte Knochen, versteinerte riesige Zähne oder gar versteinerte Schädel vorfanden, welche man für die Reste von Drachen hielt. Heute kennen wir diese Überreste als Fossilien und wissen, dass diese die abgelagerten Reste der Dinosaurier waren, welche vor Jahrmillionen unsere Erde bevölkerten.

Eine Frage, die uns immer wieder gestellt wird, ist jene, was denn sogenannte Mythen- und Fabelwesen aus Legenden und Erzählungen mit der Forschungsmethodik der Kryptozoologie zu tun haben, da es diese eigentlich gar nicht geben könne. Warum befassen sich z.B. Menschen immer noch mit Drachen, Einhörnern, Meerjungfrauen, Elfen, Minotauren, Basilisken und etlichen anderen Mischwesen? Und dies, obwohl die Kryptozoologie eigentlich nach verborgenen Tieren sucht?

Um hier eine Antwort zu geben, müssen wir ein wenig ausholen. Laut Definition der Kryptozoologie werden zu Forschungszwecken auch alte Legenden, Sagen und Mythen herangezogen, um Indizien für oder gegen die Existenz eines Tieres zu sammeln. Nicht zuletzt wurden bedeutende Entdeckungen gemacht, als man Erzählungen und Legenden nachging. So wurden z.B. die Berggorillas entdeckt, weil man den Legenden der Einheimischen nachging, welche von einem grässlichen Affenmonster in den Virunga-Bergen erzählten, welches selbst Frauen und kleine Kinder raubte. Als Oscar von Beringe diesen Legenden im Jahre 1902 nachspürte, entdeckte er damit den Berggorilla. Dieser entsprach zwar von seinem friedvollen Verhalten nicht gerade den Legenden, konnte aber als Ursprung der Legenden identifiziert werden.

Ein anderes Beispiel wäre hier z.B. auch die Entdeckung des Komodowarans, der mächtigsten noch lebenden Echse der Erde. Die Indonesier berichteten in ihren Mythen von gefährlichen Drachen, welche auf der Insel Komodo leben sollen. Erst als man 1912 diesen Legenden von Drachen, welche von den meisten Wissenschaftlern belächelt wurden, nachging, konnte ein erstes Exemplar geschossen und somit der Wissenschaft zugänglich gemacht werden.

Dies sind natürlich nur zwei der bekanntesten Beispiele, dennoch zeigen diese, wie wichtig es durchaus sein kann, Mythen und Legenden zu folgen.

Innerhalb der Kryptozoologie hat sich daraus ein eigenständiger Teilbereich herausgebildet, welcher als „**Mythologische Kryptozoologie**" bezeichnet wird. Hier gilt es aber zu unterscheiden, denn man versucht nicht zwingend die Existenz eines Fabelwesens auf Biegen und Brechen zu beweisen, wie viele Menschen vermuten, sondern Ziel dieser Fachrichtung ist es, die Hintergründe hinter diesen Erzählungen und Legenden aufzuspüren. Hierbei spielt es keine Rolle, ob es sich bei einer Lösung um eine neue und bislang unbekannte Art handelt, um eine bekannte aber fehlgedeutete Art oder schlichtweg um eine Legendenbildung, die auf mehreren Ursachen beruht. Was am Ende zählt ist das Ergebnis, wodurch ein Mythos aufgeklärt werden konnte.

Die Schwierigkeit dieses Fachbereiches beruht allerdings darin, dass man auf teilweise sehr alte Beschreibungen und Erzählungen zurückgreifen muss, um daraus eine Indizienkette zu erstellen, da es sehr oft keine physischen Beweise gibt. So kann man Theorien aufstellen und versuchen diese Theorien durch eine fortlaufende Kette an Indizien zu belegen, jedoch wird ein endgültiger Beweis erst erbracht werden können, wenn man z.B. einen Kadaver oder ein lebendes Tier vorweisen kann.

Das Einhorn

Seit dem Herbst 2007 zeigten sich interessante Fälle in den Medien, welche die Frage nach dem Ursprung so mancher Einhornlegende neu belebte und in Online-Foren und Diskussionsgruppen mit kryptozoologischer Thematik für so manche Diskussion sorgte. So wurde im Oktober 2007 ein Video im Internet veröffentlicht, welches ein Einhorn in der Schweiz zeigen sollte.

Zwei deutsche Urlauber haben bei ihrem Urlaub im Camathal im Schweizer Kanton Graubünden ein Tier gefilmt, das bei genauer Betrachtung einem klassischen Einhorn zu gleichen scheint. Auch wenn das Tier nur für wenige Augenblicke zu sehen ist, scheinen die charakteristischen Einhorn-Merkmale deutlich erkennbar.

Jörn Hansen und seine Freundin Anne waren in den Bergen rund um Cama unterwegs und filmten dabei das Panorama der Waldgegend. Aus dem Film und der Tonspur geht hervor, das auch die beiden Zeugen eigentlich nur das weiße Tier bemerkten und für den kurzen Moment, bevor es in den Wald trabte, filmten. Erst eine Nachbetrachtung weist dieses Tier als weißes Pferd aus, dass ein Horn auf der Stirn zu haben scheint. Dabei ist die Qualität dieser Aufnahme sehr verwackelt und unscharf. Exakte Details sind nicht zu erkennen.

Das auf Youtube und anderen Videoportalen und in unzähligen Blogs verbreitete Video sorgte für heftige Diskussionen im Internet, wobei der größte Teil der Betrachter das Tier tatsächlich für ein echtes Einhorn hielten, während andere von einem eher sehr schlechtem Scherz ausgingen.

Eine Überprüfung des Videos, welches nur in sehr schlechter Qualität vorlag, indes brachte eine sehr wahrscheinliche Fälschung zutage, da erstens keine Details erkennbar waren und die Pixelstruktur um das Tier noch weiter abwich.

Mitte Dezember 2007 folgte zu dem Video eine Meldung im Internet, wonach dieses Video lediglich ein Marketingscherz für eine Schokoladenfirma sein soll.

Wie die „guerilla-marketing-foederation.de (GMF)“ berichtet, begann die Auflösung damit, dass ein Leser des Blogs der Kameraleute Anne und Jörn einen Bezug zwischen dem Einhorn und der Schokoladen-Marke „Chocolat Frey“ hergestellt habe. Anfragen bei „Chocolat Frey“ bestätigen, dass man – wie schon 2004 – neue Einhornfilme produziert habe. Seit Dezember 2007 seien diese auch schon im Schweizer Fernsehen zu sehen gewesen.

„Die Einhorn-Story wurde von der Werbeagentur *Publicis* ausgeheckt. Ziel war es, mit den Möglichkeiten des sogenannten Web 2.0 das Markenzeichen von *Chocolat Frey* lebendig werden zu lassen und für ein breites Publikum erlebbar zu gestalten. Außerdem sollte das Einhorn auch in Amerika und Asien für Gesprächsstoff sorgen, den neuen Märkten, die ‚*Chocolat Frey’* mit ihrem Einhorn erobern möchte. Mit Hilfe von Blogs, Videoportalen und Social Networking

Sites wurde ein grenzüberschreitendes, lebendiges Märchen inszeniert. Auch die virtuelle Online-Plattform *Second Life* hat man in die Geschichte miteinbezogen: Hier kann das Einhorn in einer artgerechten Umgebung besucht und bewundert werden", erläutert die GMF.

Bei Anne und Jörn handele es sich um zwei junge Laiendarsteller aus Kiel, die mit einem kleinen Produktionsteam in den Schweizer Alpen mit handgehaltener Digitalkamera drehte. Bei dem Einhorn handele es sich zudem, laut GMF, um „ein in Zürich vor Bluescreen gefilmtes Pferd mit Papphorn", das nachträglich in den entsprechenden Film hineinmontiert wurde.

Die Geschichte sollte eigentlich nur in der Schweiz aufgelöst werden – im Ausland jedoch nicht. Die GMF kommentiert die Auflösung wie folgt: „Außerdem wird die Auflösung nicht von allen akzeptiert werden, ein paar werden sich fragen: Hat sich das wirklich eine Werbeagentur ausgedacht, und alles so lange im Voraus? Oder hat man sich einfach geschickt an eine echte Geschichte angehängt, die im Internet für Furore sorgt? Sind Anne und Jörn wirklich erfunden oder sind sie vielleicht doch echt? Ihren Blog scheinen sie jedenfalls fleißig weiterzuführen...
Das ist normal, dass es hinterfragt wird. Das passiert immer, wenn Einhörner im Spiel sind. Weil es dann keine 100%ige Gewissheit gibt und immer ein kleines Geheimnis zurückbleibt. Ganz im Sinne von Chocolat Freys neuem Werbespruch: *Geheimnis Frey.*"

Und in der Tat, die Diskussionen um die Echtheit des Videos gingen weiter. Viele Anhänger des Videos vertraten die Meinung, dass man das Video für Werbezwecke missbrauche, das Video selbst jedoch echt sei. Handelt es sich tatsächlich um einen Marketing-Scherz, habe man seine Sache wirklich sehr gut gemacht.

Allerdings war die Idee dieser Marketingmethode nicht wirklich neu, man hatte nur auf ein bewährtes Prinzip mit den modernen Möglichkeiten zurückgegriffen. Das Vorbild war unverkennbar die Marketingidee des berüchtigten Films „*The Blair-Witch Project*", welches ehemals für ähnlich viel Aufsehen sorgte und einen eigentlichen Billigfilm zu einem Kassenschlager machte, der im regulären Vertrieb niemals eine solche Chance bekommen hätte – hätten die Macher nicht im Vorfeld die Geschichte über das Internet verbreitet.

Neben diesem Einhorn-Video, welches im Internet für Furore sorgte, wurde im Juni 2008 ein etwa 10 Monate alter Rehbock entdeckt, welcher aufgrund einer Deformation statt eines Geweihs ein einzelnes „Horn" in der Mitte seine Schädels trägt. Es handele sich um ein Jungtier von nur zehn Monaten, das sich erst seit kurzem in einer Naturoase bei Prato in der Toskana (Italien) aufhalte, berichtete die italienische Tageszeitung „La Repubblica".

„Das ist der Beweis, dass das legendäre Einhorn wirklich existiert haben kann", erklärte Gilberto Tozzi, Direktor des Naturwissenschaftlichen Zentrums Prato (CSN), stolz. Wahrscheinlich seien in früheren Zeiten Hirsche, Rehe oder andere Tiere mit einer ähnlichen morphologischen Anomalie gesehen worden.

In der Tat spricht einiges dafür, dass solche Deformationen zu einem gewissen Teil mit zur Mythenbildung um die legendären Einhörner beigetragen haben. Allerdings kann man durch solch seltene Fälle nicht pauschal alle Hintergründe hinter den Legenden um Einhörner erklären oder gar deuten, vielmehr liegen hier polykausale Ereignisse im Zusammenhang mit den eigentlichen Einhornlegenden, welche weltweit verbreitet sind.

Seit ca. 5000 Jahren schon ist das Einhorn in der Mythologie bekannt. Es ist berühmt für seine Anmut und Gutmütigkeit. Es steht für Tugenden wie Reinheit und Ehrlichkeit. Der Körper des Einhorns wird in der Überlieferung verschieden beschrieben, einmal im Körper eines schlanken weißen Schimmels, einmal mit einem Ziegenkörper. In verschiedenen Kulturkreisen entstanden andere Darstellungen dieser Wesen, so z.B. schwarze Einhörner mit blutrotem Horn, Einhörner mit gespaltenen Hufen und dem Schwanz und der Mähne eines Löwen bis hin zu Einhörnern mit Ziegenbart. In unseren Breitengraden wird die Statur des Pferdes bevorzugt. Es trägt ein Horn in der Mitte der Stirn, welches meist gewunden, manchmal aber auch gerade ist.

Aber eines haben alle Erzählungen gemein: Das Tier vereint sämtliche guten und reinen Eigenschaften in sich, welche jeder Mensch sich wünscht. Der Charakter ist Weise, Lieb und seine Taten immer wohlbedacht. Es symbolisiert die Stärke des Charakters, Liebe und Güte des Herzens.

Auch in den verschiedensten Religionen hat das Einhorn seinen festen Platz:

- In China wird es als K`i-lin bezeichnet und als König der Landtiere verehrt. Wenn es erschien sahen dies die Menschen als Zeichen für eine glückliche Zukunft.
- In Japan nennt man es Kirin und es ist das Zeichen der unfehlbaren Gerechtigkeit. Nach den Mythen erschien es oft in Gerichten um Unschuldige zu befreien oder Schuldige zu töten.
- In Südindien spricht man vom Eale bzw. Yale. Dieses Tier soll zwei Hörner besitzen, welche in verschiedene Richtungen stehen. Die Inder halten die Einhörner für Wächter gegen böse Geister.
- Die einzige Ausnahme bildet Persien, da in diesem Land ein einzelnes Horn als Zeichen von Grausamkeit gilt. Das Shadhahvar, wie das Einhorn dort genannt wird, ist gefürchtet und wird als Raubtier angesehen. Allerdings hat es in diesem Land den Körper einer Antilope mit einem geschwungenen Horn auf der Stirn, welches eine hohle Zacke besitzt. Wenn der Wind darüber streicht erzeugt das Horn wehmütige und verführeri-

sche Klänge. Tiere oder Menschen die durch diesen Klang angezogen werden, tötet das Wesen sofort.

- Das Einhorn wurde im alten Griechenland dem „weißen“ Mond zugeordnet und gehörte somit zu Artemis. Im römischen Reich wurde es Diana, der Göttin der Jagd zugewiesen.
- Im christlichen Sinne steht es für Jungfräulichkeit und als Symbol der heiligen Maria. Nach diesem Glauben kann ein Einhorn nur von einer Jungfrau gefangen und gezähmt werden. Die Legende besagt, wenn das Tier sein Horn in den Schoss einer Jungfrau legt, so verliert es all seine Kraft.

Um das Horn des Tieres ranken sich die schönsten Legenden. Wenn ein Einhorn damit einen Toten berührt, so erwacht dieser wieder zu neuem Leben. Berührt ein Einhorn damit vergiftete Flüsse oder Seen, so zieht das Horn das Gift aus dem Wasser. Es soll zerrieben gegen Vergiftungen und die verschiedensten Krankheiten helfen.

Dieser Glaube brachte im späten Mittelalter den Narwal an den Rand der Ausrottung. Jeder der Herrscher wollte ein Trinkhorn oder Pulver aus dem Horn eines Einhornes besitzen. Sie versprachen sich Gesundheit davon, denn mancher Tyrann musste Angst vor seinen erbosten Untertanen haben, welche ihn vergiften könnten. Ein solcher Trinkbecher sollte Schutz davor bieten. Der Narwal wurde gejagt und beinahe ausgerottet. Sein Horn wurde zu kuriosen, mit Gold und Diamanten überladenen Trinkhörnern verarbeitet und an die Reichen in aller Welt verkauft. Noch heute finden sich in so mancher Schatzkammer von Königs- und Adelshäusern diese „Einhornhörner“, welche von Narwalen stammen.

Auch als Wappentier in der Heraldik war das Einhorn sehr beliebt. So führten es Dietmar von Aist, der englische Dichter Chaucer, die Markgrafen von Este im Familienwappen. Da es die Könige von Schottland im Wappen trugen, kam es auch in das englische Staatswappen. Auch Schillers Adelswappen zeigt den Oberleib eines Einhorns.

Wie die Präsenz in den Medien der vergangenen Monate zeigt, sind die Menschen auch heute noch von diesem Mythenwesen fasziniert.

Einhorn-Rehbock in der Toskana

Narwal

Der böse Basilisk

In vielen Sagen und Legenden wird von einem absolut tödlichen Wesen berichtet, dessen Atem die Erde versengte und dessen Blick tödlich war. Der Basilisk (griechisch: *basiliskos* lat. *Regulus* = „kleiner König“; auch *Sibilus*) war eine Mischung aus Schlange und Hahn. Von all den sagenhaften Ungeheuern war keines schrecklicher als dieses Tier. Halb Schlange, halb Hahn, schlüpfte er aus einem Ei, welches ein siebenjähriger Hahn gelegt hatte, als der Stern Sirius hoch am Himmel stand. Das Ei soll kugelrund und mit einer dicken Haut überzogen gewesen sein.

In manchen Legenden wurde dieses Ei neun Jahre lang von einer Kröte ausgebrütet. In dieser langen Zeit entwickelte sich ein Geschöpf mit einem feurigen Atem, welcher die Erde verbrannte und einem Blick, der selbst für den Basilisken tödlich war. In manchen Legenden soll dieser Blick seine Opfer sogar versteinert haben.

Wer immer den Basilisken bekämpfen wollte, war gut beraten einen Spiegel mit sich zu führen. Sobald der Basilisk sein Opfer angriff, reflektierte der Spiegel den Blick und der Basilisk starb oder verwandelte sich in Stein.

Zum ersten Mal nachweislich erwähnt wird der Basilisk bei Demokrit bzw. dessen Plagiator Bolos von Mendes. Seitdem ist dieser eines der bekanntesten Fabeltiere der Geschichte. Plinius der Ältere beschrieb ihn in seiner *Naturalis historia* im achten Buch bei den Tieren, die aus dem afrikanischen und orientalischen Bereich kommen. Plinius zufolge handelt es sich um eine Schlangenart, heimisch in der Provinz Kyrenaika. Er sei nicht länger als zwölf Finger (etwa 24 Zentimeter) und habe einen weißen Fleck am Kopf, der ihn wie ein Diadem schmücke.

„Durch sein Zischen verjagt er alle Schlangen und bewegt nicht, wie die anderen, seinen Körper durch vielfache Windungen, sondern geht stolz und halb aufgerichtet einher. Er lässt die Sträucher absterben, nicht nur durch die Berührung, sondern auch schon durch den Anhauch, versengt die Kräuter und sprengt Steine: eine solche Stärke hat dieses Untier. Man glaubte, dass jemand ihn einst zu Pferde mit einem Speer erlegt habe und dass das wirkende Gift an diesem emporstieg und nicht nur dem Reiter, sondern auch dem Pferd den Tod brachte. Und dieses gewaltige Ungeheuer – denn häufig haben Könige es tot zu sehen gewünscht – wird durch die Ausdünstung des Wiesels umgebracht: so sehr gefiel es der Natur, nichts ohne etwas Gegenkraft zu lassen. Man wirft die Wiesel in die Höhlen [der Basilisken], die man leicht an dem ausgedörrten Boden erkennt. Diese töten durch ihren Geruch, sterben aber zugleich selbst, und der Streit der Natur ist bereinigt.“

Basilisken symbolisieren als allegorische Figur den Tod, den Teufel, die Sünde oder den Antichristen. Unter den Todsünden wird der Basilisk oft mit der Wollust, aber auch mit Neid und Hochmut gleichgesetzt. Häufig wird Christus dargestellt, wie er einen Basilisken zertritt. Darstellungen von Basilisken im kirchlichen Raum aus der Zeit des 13. bis 17. Jahrhunderts sind häufig anzutreffen an Taufsteinen, Apsisfriesen, Schreinen usw.

Als Basiliskengift wurde die sich gegen Ende des 15. Jahrhunderts ausbreitende Syphilis bezeichnet. Die Redewendung Basiliskenblick bezeichnet einen besonders scharfen oder stechenden Blick.

Die zoologische Gattung der Basilisken (*Basiliscus*), Reptilien aus den Regenwaldgebieten Südamerikas, wurden aufgrund ihres Aussehens nach dem Fabelwesen benannt, sind jedoch nicht als direkter Hintergrund der Legenden zu sehen, da diese in der Antike nicht als Ursprung der Beschreibungen dienen konnten.

Das menschengesichtige Mantichora

Wagemutige Menschen, welche sich seit Jahrhunderten in den dichten Dschungel Indiens wagten, kamen mit den seltsamsten Berichten über eine Kreatur zurück, welche Sie in Angst und Schrecken versetzte. Eine Kreatur, schrecklicher und tödlicher als jeder menschenfressende Tiger, Wölfe und andere wilde Tiere im dunklen Wald. Ein Wesen, welches seinen Opfern auflauert und mit Vorliebe Menschenfleisch verschlingt. Man gab diesem Tier den Namen „Mantichora".

Das Mantichora versetzte bereits beim Anblick einen Menschen in Schrecken, sobald er in das Gesicht der Kreatur blickte. Dieses Gesicht hatte starke Ähnlichkeit mit dem eines Menschen, in dessen riesigen Maul sich drei Reihen von messerscharfen Zähnen befanden, welche ineinandergriffen und eine Beute mit den kräftigen Kiefern zerreißen konnte. Der Körper dieser Kreatur glich dem Bau eines kraftvollen Löwen und an seinen Pranken befanden sich extrem scharfe Krallen. Es konnte blitzschnell und fast lautlos durch den Dschungel streifen. Sein Schwanz glich dem eines stachelbewehrten Skorpions, an dessen Ende sich eine besondere Vorrichtung befand. Das Mantichora war selbst auf Distanz für seine Opfer fast immer tödlich, da es auf einer Entfernung von bis zu 30 Metern tödliche Stacheln mit dem Ende des Schwanzes verschießen konnte. Eine weitere Besonderheit dieser Kreatur war seine Boshaftigkeit. Selbst bei hellem Tageslicht zeigte es sich und griff seine Opfer erbarmungslos an. Angeblich sind dieser Kreatur nur sehr wenige Menschen entkommen.

Was steckt aber hinter diesen Geschichten? Konnte es eine Kreatur wie das Mantichora wirklich geben? In der Tat könnten die Berichte zumindest im Kern auf einige wahre Begebenheiten hindeuten. So wird zum Beispiel der Körperbau ähnlich dem eines Löwen beschrieben. Handelt es sich dabei um eine bislang unbekannte Raubkatzenart oder um einheimische menschenfressende Tiger? Die Eigenschaft Stacheln zu verschießen kennen wir ebenfalls im Tierreich, so zum Beispiel von der Familie der Stachelschweine. Unter Umständen können Berichte darüber entstanden sein, wenn ein furchtsamer Beobachter im dunklen Wald ein großes Stachelschwein in einem Dickicht entdeckte, welches sich auf seine natürliche Art verteidigte und seinem Feind ein paar extrem gefährliche Stacheln entgegenschleuderte. Auch die Ähnlichkeit des Gesichtes mit dem eines Menschen lässt sich relativ einfach erklären, da man insbesondere in Indien immer wieder Kinder vorfindet, welche im Dschungel ausgesetzt wurden und unter Tieren aufwuchsen.

Möglichkeiten die Existenz des Mantichora zu erklären gibt es viele. Die Wahrscheinlichste ist eine Mischung aus verschiedenen Erzählungen, welche sich im Laufe der Jahrhunderte zu einem einzigen Tier, der Legende vom Mantichora, in der Kultur Indiens zusammengefügt haben.

Das Mantichora kann sprechen und erreicht die Intelligenz eines Menschen, so zumindest in einigen Legenden. Gerade dieser Punkt deutet auf einen Ursprung durch verwilderte Kinder hin. Das älteste bekannte Vorkommen dieses Fabelwesens stammt aus persischen Sagen aus dem 5. Jahrhundert vor Christus. Das persische Wort „Martikhoras“ bedeutet „Menschenfresser“. Im Mittelalter wurde das Mantichora, bzw. die europäische Form Mantikor, zum Symbol der Tyrannei, Unterdrückung und des Neids und schließlich zur Verkörperung des Bösen.

Der Amphiptère

Seit jeher erzählt der Mensch von großen und furchteinflößenden Drachen in seinen Erzählungen, Sagen und Legenden. Wenn man alten Quellen vertrauen schenkt, dann wurde ganz Europa und Teile Nordafrikas ehemals von unzähligen Drachen bevölkert, die sich in mehrere Arten aufteilten. Aber nicht nur in alten Sagen und Legenden existierten diese furchteinflößenden Wesen. Soweit man die Geschichtsschreibung zurückverfolgen kann, lebten Drachen in allen Gebieten Europas, darunter auch viele detaillierte Berichte von angesehenen Personen. Aus vorchristlicher Zeit bis hinein ins späte 17. Jahrhundert haben immer wieder fahrende Ritter, Priester, Mönche, Geschichtsschreiber und Naturforscher über solche Wesen berichtet. Betrachtet man einmal die Geschichte der Landbesiedlung in Europa, so wird man zwangsläufig feststellen, dass man fast überall erst die das Land bewohnenden Drachen vertreiben musste, bevor man das Land in Besitz nehmen konnte. So ist es auch nicht weiter verwunderlich, dass viele Orte in Europa nach Drachen benannt wurden. Je weiter sich die Menschen ausbreiteten, desto mehr wurden die Drachen getötet und verdrängt. Letztendlich scheinen die letzten Drachen im späten 17. Jahrhundert durch die Menschen vernichtet worden zu sein.

Eine der beschriebenen Drachenarten war der Amphiptère, welcher vornehmlich in Nordafrika vorkam, jedoch auch gelegentlich in Südeuropa und sehr selten auch weiter nördlich bis hinauf nach England anzutreffen war. Der Amphiptère wird als schlangenähnlich beschrieben und führte ein wohl amphibisches Leben in Flüssen und Seen, wo er oftmals am Ufer liegend anzutreffen war. Besonders häufig war der Amphiptère am Nil und in Arabien verbreitet, von wo es etliche Berichte über Begegnungen gab. Oftmals kam es zu Begegnungen mit einem Amphiptère in der Nähe von weihrauchtragenden Bäumen, wo diese Menschen angriffen, die das kostbare Harz ernten wollten. In einigen Berichten wird sogar beschrieben, wie der Amphiptère diese Bäume regelrecht bewacht. Einige Menschen gingen sogar davon aus, dass die Eier des Amphiptère in der Nähe solcher Bäume vergraben lagen. Jedoch kamen nur selten Menschen durch einen Amphiptère zu Schaden, dieser nahm vornehmlich nur eine drohende Haltung ein und versuchte die Menschen zu vertreiben. Jedoch konnte dieser Drache auch erheblich zubeißen und schwere und teilweise tödliche Wunden reißen.

Vom Aussehen her wird der Amphiptère als beinlose Schlange beschrieben, welche auf dem Rücken ein paar starke Flügel trägt. Der Körper selbst ist massig, jedoch dem einer Schlange nicht unähnlich. Die Größenangaben sind nicht genau definierbar, liegen jedoch im Schnitt zwischen 2 und 5 Metern Körperlänge, in einigen Berichten aber auch bis zu 15 Metern.

In Italien und Spanien sagte man diesem Drachen nach, er verbringe die meiste Zeit des Tages im Wasser von Flüssen und Seen und käme nur gelegentlich ans Ufer. Dieser Drache war für Menschen weniger gefährlich, dafür wurde ihm nachgesagt, er fresse Schafe und Ziegen. Aber auch Schweine, Wildschweine, Rehe und Hirsche standen auf seinem Speiseplan. Die bevorzugte Jagdmethode bestand laut vielen Berichten aber darin, dass sich der Amphiptère auf Bäumen niederließ und dort wartete bis eine potentielle Beute in die Nähe des Baumes kam. War die Beute nahe genug, dann stürzte sich der Amphiptère im Gleitflug mit seinen großen Flügeln auf das überraschte Tier.

Auffallende Übereinstimmung in den Berichten über den Amphiptère liegt auch in jenem Punkt, dass dieser ähnlich wie Krokodile oder andere Echsen und Schlangen sich am Ufer in der Sonne aufhielt und sich offensichtlich aufwärmte. Kam ein Mensch in seine Nähe, reagierte der Drache jedoch nicht gerade Scheu und ging mit lautem Fauchen in Drohhaltung. Entfernte man sich nicht schnell genug, dann griff er auch an.

Der Amphiptère ist in einigen Gebieten aber auch als „Fliegende Schlange", „Jaculus" oder auch als „Javelin Schlange" bekannt. Aber auch in Zentralamerika gibt es ein vergleichbares Wesen, welches dort sogar den Status eines Gottes besitzt, der „Quetzalcoatl".

Einer der letzten Sichtungsberichte eines Amphiptère stammt aus England, wo dieser im Jahre 1669 in der Nähe der Stadt Henham in Essex gesichtet wurde. Der Amphiptère lebte dort einige Monate in der Gegend und wurde häufiger gesehen, richtete aber kaum irgendwelchen Schaden an und wurde eher als furchteinflößende Schlange von etwa 9 Fuß Länge (etwa 3 Meter) beschrieben. Nach einigen Monaten verschwand der Amphiptère aus der Gegend und wurde nicht mehr gesehen.

Wie die meisten Drachen wurde auch der Amphiptère von jeher stark gejagt, da die Menschen diesen als gefährlich und furchteinflößend empfanden. Wo auch immer sich der Mensch ausbreitete, mussten die Drachen weichen. Es gibt einige Hinweise darauf, das der Amphiptère eines jener Wesen sein könnte, die letztendlich vom Menschen ausgerottet wurden, bevor diese wissenschaftlich in die Zoologie eingegliedert werden konnten. Zumindest unsere Vorfahren glaubten fest an die Existenz dieser Kreaturen, auch wenn es keinen wissenschaftlichen Beweis mehr für deren Existenz geben sollte.

Soweit zumindest die Zusammenfassung aus der Mythologie und den Legenden. Der Amphiptère ist jedoch von vielen Drachenlegenden für die Mythologische Kryptozoologie von großem Interesse, liefern doch die alten Beschreibungen ein interessantes Bild, welches sich auf etliche Reptilien anwenden lässt. So gehen die Theorien dahingehend, das man aus Nordafrika und Asien in frühen Zeiten Überlieferungen von Begegnungen mit Kobras und Krokodilen mitbrachte und sich diese in den Legenden des Amphiptère wiederspiegeln, denn das beschriebene Verhalten deutet darauf. Zumal es bereits seit der Antike einen regen Verkehr zwischen Nordafrika und Europa gab. Die Römer brachten zudem viele exotische Tiere aus Afrika als Trophäen nach Zentraleuropa. Es wäre hier auch durchaus denkbar, dass etliche dieser Tiere auf den Transportwegen entkamen und in der unwissenden Bevölkerung mit den Drachenlegenden in Verbindung gebracht wurden.

Das es im späten Mittelalter noch Beschreibungen des Amphiptère aus England gab, ist somit auch nicht wirklich verwunderlich – sammelten doch die Herrscher Europas zu allen Zeiten gerne exotische Tiere, von denen wohl auch einige in die Freiheit gelangten. Betrachtet man sich zudem die Klimaentwicklung im Mittelalter, wo das Klima wärmer war als heute und selbst in Grönland Landwirtschaft möglich war, so hatten exotische Großschlangen auch in England sehr gute Überlebenschancen.

So entstanden – zumindest in der Theorie – durch die Vermengung alter Drachenlegenden in Verbindung mit Begegnungen und Beschreibungen von real existierenden Reptilien in ganz Europa die Legenden um den Amphiptère.

Überlebende Dinosaurier?

Seit Wochen waren die Forscher in den abgelegenen Gegenden des afrikanischen Kongo-Beckens unterwegs, auf der Suche nach einem Beweis für ein Wesen, welches die Eingeborenen ehrfurchtsvoll „Mokèle mbembè" oder auch „Nyamala" nennen. Seit Wochen sahen sie nichts weiter als endlose Baumreihen, hörten des Nachts die schreie fremdartiger Tiere und wurden am Tage vom Gebrüll der Affen und dem ohrenbetäubendem Singsang tausender Vögel begleitet. Hin und wieder fanden Sie große Abdrücke im aufgeweichten Boden des Urwaldes, welche Sie in ihrer Überzeugung stärkten ganz dicht an der Lösung dieses Rätsels zu sein. Nun, da die Zeit der Expedition sich langsam dem Ende näherte und man sich für den Rückweg rüstete, sank der Glauben an dieses Wesen und die Hoffnung, doch etwas zu finden. Niemand achtete mehr darauf, ob man noch weitere Spuren finden würde, als eine große Schneise im dichten Waldbestand entdeckt wurde. Zum letzten Male wollte man die Fotoausrüstung auspacken, um diese auf Papier zu bannen, als man einen ungewöhnlichen Ton aus dem dunklen Dickicht vernahm. Langsam schlichen die Forscher im Schatten der gewaltigen Bäume voran, um die Quelle des Geräusches ausfindig zu machen, als einer ihrer eingeborenen Führer leise das Wort „Nyamala“ über seine zusammengepressten Lippen hauchte. Was sie daraufhin sahen verschlug ihnen den Atem...

So oder ähnlich könnte eine gewaltige Entdeckung vonstatten gehen, welche unser bestehendes Weltbild mit seiner Evolutionstheorie einschneidend verändern könnte: die Entdeckung noch lebender Dinosaurier.

Es bleibt die Frage, ist eine solche Entdeckung überhaupt möglich? Kann es wirklich noch lebende Dinosaurier auf unserem Planeten geben, welche ihre Vernichtung vor 65 Millionen Jahren überdauerten? Und gerade diese Frage zieht seit Generationen immer wieder Menschen in ihren Bann. Als der Mensch noch nicht die modernen Möglichkeiten der Landerkundung nutzen konnte, war diese Frage besonders faszinierend. Doch selbst heute, mit all unseren technischen Errungenschaften, konnten wir noch keine konkrete Antwort auf diese Frage finden. Besonders in den abgelegenen Regionen unseres Planeten sind durchaus noch solch ungewöhnliche Entdeckungen möglich, wie die Funde der Kryptozoologie der letzten einhundert Jahre sehr deutlich veranschaulichen.

Doch warum hat man bis zum heutigen Tage keinen eindeutigen Beweis für ein solch großes Tier wie das Mokèle mbembè finden können, welches auf dem Land lebt? Immerhin wird es in verschiedenen Zeugenberichten mit einer Körpergröße zwischen 5 und 12 Metern beschrieben, also größer als ein Elefant. Selbst die entlegensten Urwaldgebiete werden heute überflogen und von unzähligen Menschen aufgesucht, trotzdem gelang es nicht, auch nur einen wirklichen Beweis für die Existenz dieses Riesen zu finden. Zudem gibt es keine aufgefundenen Kadaver, welche als Beweis dienen würden.

Um eine Population dieser gewaltigen Tiere halten zu können, müssten mindestens 50 bis 100 Individuen durch den Dschungel des Kongo streifen, um ihre eigene Art erhalten zu können. Diese Anzahl ist zwingend nötig, damit kein genetischer Verfall durch Inzucht innerhalb der Population entsteht. Wir können davon ausgehen, dass es nicht nur 2 oder 3 Exemplare gibt, welche seit Jahrmillionen in diesem Lebensraum lebten – kein Lebewesen, welches auf der irdischen Biologie basiert, ist unsterblich. Doch warum findet man dann nur so wenige Spuren, welche aber auch von Elefanten oder Nashörnern stammen könnten?

Wir können davon ausgehen, das landlebende Dinosaurier einer solchen Größe den Untergang ihrer gesamten Spezies vor 65 Millionen Jahren nicht überlebt haben. Zudem sollte man in Betracht ziehen, dass diese Kreaturen mehrere Naturkatastrophen nach dem Untergang der Saurier überlebt haben müssten, welche ebenfalls die meisten landlebenden Großtiere ihrer Zeit dahingerafft haben. Selbst der Mensch stand mehrfach durch Ausbrüche von Supervulkanen wie dem Toba oder dem Yellowstone am Rande der Vernichtung. Durch solche Katastrophen sank die Erdtemperatur um mehrere Grad Celsius und der Himmel wurde über Jahre hinweg von Aschewolken verdunkelt, so dass die Pflanzen fast gänzlich abstarben – und dies weltweit. Ein massenweises Artensterben war edes Mal die Folge solcher Katastrophen, welche teilweise bis zu 90% aller landlebenden Tierarten auslöschten. Sollten ausgerechnet Dinosaurier, wie etwa Diplodocus, solche erdgeschichtlichen Katastrophen unbeschadet überstehen?

Würde aber die Möglichkeit bestehen, dass sich neuzeitliche Dinosaurier z.B. aus Eidechsenarten neu entwickeln konnten? Dies wäre allerdings eine Möglichkeit, welche durchaus für eine kleine Population von Sauriern sprechen würde, sollte dies jemals stattgefunden haben. Immerhin passt die Natur kontinuierlich ihre Lebewesen an die entsprechenden Lebensumstände mittels spontaner Mutation an die Lebensbedingungen an. Hierbei könnten sich tatsächlich saurierähnliche Arten entwickelt haben, welche uns bis heute verborgen geblieben sind.

Bisher sprachen wir über große Überlebende der Saurierzeit, doch was ist mit all den kleinen Arten von Theropoden, wie Compsognathus oder Segisaurus, geworden? Haben sich diese kleinen Fleischfresser alle zu Vögeln weiterentwickelt? Oder können moderne Abarten dieser kleinen Jäger und Räuber noch heute leben? Wir wissen, dass kein Landtier welches größer als 1,5 Meter war den Untergang der Dinosaurier überlebt hatte. Aber diese kleinen Jäger und Räuber könnten sich all die Jahre nach einer großen Naturkatastrophe von den Kadavern der dahinrottenden Großtiere ernährt haben und den damit verbundenen Insektenschwärmen, wie z.B. Kakerlaken, welche sich ebenfalls an den Kadavern labten. Sollten solch kleine Saurier all diese Zeit überlebt haben, so ist die Wahrscheinlichkeit doch recht groß, dass wir sie bis zum heutigen Tage noch nicht entdeckt haben. Ebenso könnten kleine insektenfressende Flugsaurier wie Rhamphorhynchus solche widrigen Umstände überstanden haben und ihre Nachfahren von heute begründen die Legende des Kongamato. Zumindest wäre dies theoretisch möglich, wenn auch recht unwahrscheinlich.

Neben dem Lebensraum Land existiert ein weiterer Lebensraum, in welchem sich bis zum heutigen Tage kaum veränderte Echsen der Urzeit befinden können: das Meer. In den Weiten der Weltmeere liegen noch unzählige Geheimnisse, welche der Mensch nur sehr langsam und kostenintensiv erforschen kann. In den Tiefen der Meere können sich Arten erhalten haben, welche wir nur aus alten Versteinerungen und Fossilienfunden kennen. Ein gutes Beispiel hierfür ist der Quastenflosser.

Die allgemeine Frage, ob es noch heute lebende Dinosaurier geben könnte, welche sich nicht in die moderne Gruppe der Vögel weiterentwickelten, kann man durchaus mit einem „Ja“ beantworten. Doch ob wir sie noch entdecken können bleibt eine weitere Frage, denn der Mensch zerstört gerade in den Tropen- und Urwaldgebieten jeden Tag gewaltige Flächen an ruhigem Lebensraum für solche Kreaturen der Urzeit. Schon bald könnte der Mensch unbemerkt das schaffen, was Naturkatastrophen in Jahrmillionen nicht vermochten...

Mokèle Mbembè

Im dichten Dschungel der Republik Kongo leben nicht nur eingeborene Pygmäenstämme und vereinzelte Abenteurer, sondern angeblich auch das Mokele Mbembe. Der Name Mokele Mbembe bedeutet in der wörtlichen Übersetzung soviel wie *„der den Lauf des Flusses stoppt“*. Im Grunde genommen handelt es sich bei dem Mokele Mbembe um ein Lebewesen, das eigentlich nicht mehr existieren dürfte!

Um dieses Wesen zu beschreiben ziehen die Ureinwohner den Elefanten zu Hilfe, dessen ungefähre Größe es haben soll. Es besitzt einen langen, flexiblen Hals von etwa 30 cm Durchmesser und einen kleinen Kopf, stämmige Beine mit Klauen, einen massigen Körper und einen langen Schwanz. Seine Haut ist bräunlichgrau gefärbt, ähnlich der Färbung der dort vorkommenden Waldelefanten. Das Fleisch ist angeblich ungenießbar, ja sogar hochgradig giftig und krankheitserregend, wie ein ganzer Pygmäenstamm am eigenen Leib erfahren musste, welcher das Fleisch eines Mokele Mbembe verspeiste...

Seit mehr als 200 Jahren wird von einer ganzen Gruppe dieser Wesen berichtet und mehr als einmal soll es die Einheimischen angegriffen haben. Kanus, die seine Wege kreuzen, versenkt es gnadenlos und die Menschen darin werden ebenfalls angegriffen, somit ist das Verhalten jenem von Flusspferden nicht unähnlich.

Der Franzose Abbe Proyart beschrieb im Jahre 1776 als erster Weißer die Spuren dieses Wesens. Auch Missionare, die gekommen waren um die „wilden Eingeborenen Afrikas“ in den Schoss der christlichen Kirche zu führen, berichteten von Fußabdrücken mit Klauen und von gigantischem Umfang. Sogar auf Felsen wurden Zeichnungen von vierbeinigen, langhalsigen Kreaturen entdeckt, die man keinem bekannten lebenden Tier zuordnen konnte. Die erste Sichtung erfolgte durch den deutschen *Freiherr von Stein zu Lausitz,* welcher 1913 eine Expedition in das Gebiet des *Likouala-aux-Herbes* Flusses unternahm, welcher zum riesigen *Likouala-Sumpfgebiet* gehört.

Von 1920 bis 1930 sahen mehrere Augenzeugen eine Kreatur mit langem Hals, stämmigen Beinen und einem massigen Körper. Selbst eine Schneise, die solch ein Wesen im dichten Dschungel hinterlassen musste, wurde gefunden. 1954 sah ein englischer Urlauber im *Bangweulu-See* einen langen Hals mit schlangenähnlichem Kopf aus den Fluten des Sees aufragen. 1980 hörte das deutsche Ehepaar *Regusters* angeblich den Mokele Mbembe knurren und brummen. Als die beiden schließlich den Urheber der Geräusche erblickten, schossen sie ein Foto dieses Wesens, welches jedoch keinen eindeutigen Beweis liefern konnte.

Es war nur eine Frage der Zeit bis sich Kryptozoologen dieser Spuren und Sichtungen annahmen. 1980 und 1981 machten sich der Biochemiker *Roy P. Mackal* und seine Kollegen *James Powell* und *Richard Greenwell* auf den schwierigen Weg in den unwegsamen Dschungel des Kongo. Sie sammelten Augenzeugenberichte und Legenden bei den Einheimischen um dieses mysteriöse Wesen, wobei sie feststellten, dass sich die Beschreibungen des Wesens auffallend ähnelten. Alle drei bekamen jedoch keinen einzigen Mokele Mbembe während dieser Expeditionen zu Gesicht.

Marcellin Agnagna, kongolesischer Biologe und Begleiter *Mackals* auf der Expedition im Jahr 1981, unternahm zwei Jahre darauf eine eigene Erkundungsreise. Laut seiner Aussage hatte er mit dieser Expedition mehr Glück als die vorangegangenen Expeditionen in das Gebiet. Im *Tele-See* konnte er den Mokele Mbembe mehrere Minuten lang beobachten. Leider gelangen hierbei keine Foto- oder Filmaufnahmen des Wesens, welche er mit technischen Problemen der Ausrüstung erklärte, die aber durchaus bei den widrigen feuchten und heißen Witterungsbedingungen auftreten können. So kehrte *Marcellin Agnagna* zwar mit einem beeindruckenden Augenzeugenbericht zurück, jedoch fehlte ein endgültiger Beweis für die Existenz des Mokele Mbembe.

Im Jahre 1992 schien sich eine Sensation anzubahnen, als es einem japanischen Filmteam gelang vom Flugzeug aus ein Wesen im *Tele-See* zu filmen. Leider war die Qualität dieser Aufnahme nicht sonderlich beeindruckend, doch man kann eine Kreatur im Wasser erkennen, welche einen langen Hals und einen langen Schwanz besitzt. Viele Kritiker dieser Aufnahme sprechen allerdings eher von einer großen Pythonschlange. So blieb letztendlich auch diese Aufnahme als Beweis wertlos.

Insgesamt wurden von 1909 bis 2008 einundzwanzig bekannte Expeditionen auf der Suche nach dem Mokele Mbembe unternommen, welche jedoch keinen eindeutigen wissenschaftlichen Beweis für die Existenz dieses Wesens liefern konnten. So konnte bislang nicht geklärt werden, worum es sich tatsächlich beim Mokele Mbembe handelt. Die Beschreibungen des Wesens lassen augenscheinlich nur einen Schluss zu – einen *Dinosaurier!*

Mackal und seine Kollegen waren sich darin einig, dass es sich bei diesem Wesen nur um einen Sauropoden, einen Elefantenfuß-Dinosaurier, handeln kann. Um welchen genau jedoch ist schwer zu bestimmen, geschweige denn zu sagen ob es sich um eine überlebende Art oder um eine neu entstandene handeln könne.

Die Landschaft im zentralafrikanischen Kongogebiet ist seit Jahrmillionen nahezu unverändert geblieben. Und da laut Berichten bereits mindestens ein Tier von einem Pygmäenstamm erlegt wurde und auch weiterhin Sichtungen erfolgten, ist von mehreren Individuen, bzw. einer ganzen Population dieser Tiere auszugehen. Mögliche (bekannte) Saurier-Kandidaten für Mokele Mbembe stammen vermutlich aus den Familien der *Cetisauridae (Cetiosaurus),* der *Camarasauridae (Camarasaurus, Euhelopus* oder *Opisthocoelicaudia),* der *Diplodociden (Apatosarus, Dicraeosaurus)* und der *Titanosauridae (Alamosaurus).* Die Familie der *Brachiosauridae* scheidet vermutlich als mögliche Erklärung aus, da ihre Mitglieder zu groß und die Kopfform nicht den Beschreibungen entspricht. Der Favorit unter den Kryptozoologen, welche die Existenz des Mokele Mbembe befürworten, ist der *Dicraeosaurus* (Familie *Dipodociden),* da er mit etwa 12,6 m Länge im Verhältnis zum Menschen die Größe eines Elefanten besitzt. Auch wurde in Tansania ein Skelett dieses Sauriers gefunden, also ebenfalls auf dem afrikanischen Kontinent. Zudem lebte er in den Flussniederungen Ostafrikas. Im Verhältnis zu anderen Sauropoden besaß dieser einen verhältnismäßig kurzen Hals. Die Angabe der Augenzeugen eines „langen Halses" ist jedoch relativ zu sehen.

Wie bereits erwähnt, gibt es noch keinen anerkannten Beweis für die Existenz des Wesens, was aber wegen dem unzugänglichen und unwirtschaftlichen Lebensraum der Region, den selbst die Einheimischen nach Möglichkeit meiden, nicht sehr verwunderlich ist.

Zu den Berichten der Augenzeugen kommen zudem noch etliche andere Berichte aus tropischen Gebieten Afrikas von Wesen, welche unter Namen wie *Badigui, Amali* oder *Nyamala* bekannt sind und von der Beschreibung dem Mokele Mbembe sehr ähnlich sind. Eine besondere Darstellung eines langhalsigen Dinosauriers kann man übrigens am berühmten Ischtar-Tor der alten Stadt Babylon finden. Die damaligen Baumeister verwendeten vermutlich für ihre Darstellung Augenzeugenberichte aus Zentralafrika, von wo auch einige der Baumaterialien stammen sollen.

Letztendlich bleibt das Rätsel um das Mokele Mbembe auch weiterhin ungelöst, zumindest solange bis man einen gültigen wissenschaftlichen Beweis für oder gegen dessen Existenz vorbringen kann.

Emela-ntouka

In den unzugänglichen Likouala-Sümpfen auf dem Gebiet der Volksrepublik Kongo gibt es zahlreiche Gerüchte und Berichte über fremdartige Lebewesen, welche in dem nur schwer zugänglichen und großen Sumpfgebieten existieren sollen. Gerade in dieser Region, welche mit ihrem Klima und ihrer Vegetation wohl den Landschaften des Jura und der unteren Kreidezeit am ähnlichsten scheinen, scheinen das letzte Rückzugsgebiet überlebender Saurier oder saurierähnlicher Lebewesen zu sein, wie etwa dem *Mokele Mbembe*, welches wie ein überlebender Sauropode (z.B. *Apato*- oder *Brontosaurus*) aussehen soll.

Eines jener Wesen wird in der Sprache der Einheimischen *Emela-ntouka* genannt, was soviel wie "Elefantenmörder" bedeutet. Hierbei soll es sich um ein amphibisches Wesen von der Größe eines Elefanten handeln, auf dessem Kopf ein langes Horn sitzt, welches laut Legenden vermutlich aus Elfenbein besteht.

Die Eingeborenen, welche mit dem *Emela-ntouka* recht vertraut sind, beschreiben diesen zwar als Pflanzenfresser, welcher sich in der Hauptsache von Malombofrüchten, aber auch von Blattgewächsen und Blättern der Bäume ernährt, meiden diesen aber wegen seiner Aggressivität, da er alles mit seinem Horn angreift, was ihm zu nahe kommt. Selbst Büffel, Flusspferde und Elefanten sollen angegriffen werden, wobei sich das Horn des *Emela-ntouka* als tödliche Waffe erweisen kann, weshalb er den Namen "Elefantenmörder" erhalten hatte.

Das Aussehen wird mit der Größe eines Elefanten verglichen, wobei der Kopf nach vorne spitz zuläuft und in dessen Mitte jenes Horn sitzt, welches offensichtlich die aktive Verteidigung des Wesens darstellt. Die Haut soll weich und haarlos sein, von bräunlicher bis hin zu grauschwarzer Färbung. Der Körper läuft in einen massiven und langen Schwanz aus, ähnlich jenem von Krokodilen. Die Beine des *Emela-ntouka* sollen recht massiv und elefantenähnlich sein, wobei gefundene Fußspuren drei Krallenansatzpunkte enthalten sollen.

Die meisten Sichtungen erfolgten am Ufer der Flüsse und Seen, welche diese Region durchziehen, so dass man davon ausgeht, dass der *Emela-ntouka* ein amphibisches Leben im Wasser als auch an Land führt. Aus diesem Umstand wurde die Möglichkeit erwogen, dass es sich bei jenem Wesen um eine unbekannte Art von Rhinozeros (Nashorn) handeln könne, welche teilweise aquatisch im Wasser lebt. Anderweitig gehen die Theorien zu diesem Wesen dahin, dass es sich bei *Emela-ntouka* um eine unbekannte Art von Flusspferd handeln könne, da die amphibische Lebensweise jenem der Flusspferde zu gleichen scheint. Doch beide Theorien haben das große Manko, das jenes beschriebene Aussehen des *Emela-ntouka* grundsätzlich von jenem der Rhinozerosse als auch jenem der Flusspferde erheblich abweicht. Keine der beiden Arten besitzt einen lang auslaufenden starken Schwanz. So brachte der Kryptozoologe Roy P. Mackal, welcher vor allem wegen seiner beiden Expeditionen auf der Suche nach dem *Mokele Mbembe* bekannt wurde, den Vergleich mit einem Ceratops-Saurier ins Spiel. Nach seiner Auffassung kann es sich beim *Emela-ntouka* um einen saurierähnlichen oder gar überlebenden Sauriernachkommen handeln, welcher vermutlich mit dem *Centrosaurus* verwandt ist.

Wie bereits erwähnt, ist der *Emela-ntouka* den Eingeborenen des Gebietes sehr gut bekannt. Auch Abenteurer, Jäger, Militärs und sonstige Personen, welche das Gebiet bereisten, konnten recht detaillierte Berichte über dieses Wesen liefern. Im Dezember 1919 veröffentlichte die *London Daily Mail* einen Brief von C.G. James, der damals in Afrika lebte. Er berichtete, dass ein riesiges Biest mit einem Elfenbeinhorn auf der Schnauze in den Sümpfen des Bangweulu-, Mweru-, Tanganyika- und Kafuesees leben würde. James schrieb weiter, dass dieses Tier von den Einheimischen *Chipekwe* genannt und Fußspuren ähnlich jenen von Flusspferden hinterlassen würde.

Der *Chipekwe* (andere Bezeichnung für den *Emela-ntouka*) wird auch im Buch *"Far Away Up the Nile"* erwähnt, welches 1924 ein gewisser John G. Millais geschrieben hatte. Millais zufolge würde ein Jäger namens Dennis Lyall die Berichte von C.G. James bestätigen können. Lyall aber behauptete, dass dieses Tier mittlerweile ausgestorben sei. J.E. Hughes bekräftigte diese Aussagen 1933 in seinem Buch *"Eighteen Years on Lake Bangweulu"*. Hughes berichtet auch von einem Zwischenfall in der Nähe des Luapula-River, bei welchem Eingeborene vom Stamm der *Wa-Ushi* solch eine Kreatur getötet hätten.

Auch im Jahre 1954 wird der *Emela-ntouka* im Journal *"Likouala"* erwähnt, wo der Autor Lucien Blancou, ein ehemaliger Forstbeauftragter der Regierung, berichtet, dass ein *"Biest, welches manchmal Elefanten den Bauch aufschlitzt"*, in mehreren Gebieten (Epena, Impfondo und Dongou) gesehen worden war. In Dongou, so schreibt Blancou, soll eines dieser Tiere im Jahre 1934 getötet worden sein. Leider wurde keiner dieser Kadaver in irgendeiner Form konserviert oder bekanntermaßen auf Foto oder Film dokumentiert.

So liegen neben den Aussagen der Eingeborenen und Berichten von Augenzeugen keine stichfesten Beweise für die tatsächliche Existenz dieses Wesens vor. Sollte dieses faszinierende Wesen wirklich noch existent sein, so wird es, wie viele andere Lebewesen auch, sich vor der voranschreitenden Zivilisation des Menschen in immer unwegsamere Rückzugsgebiete absetzen und sich somit wohl auch noch weiterhin vor einer wissenschaftlichen Entdeckung entziehen können. Eventuell werden wir eines nicht allzu fernen Tages einen schlüssigen Beweis für oder gegen die Existenz des *Emela-ntouka* erhalten, doch bis dahin sind wir auf Vermutungen und Spekulationen angewiesen...

Zeichnerische Darstellung eines Emela-ntouka

Darstellung eines Centrosaurus

Seltsame Schlangen und Würmer

Von überall aus aller Welt gibt es Berichte und Zeugenaussagen von seltsamen Schlangen und Würmern, welche sich von normalen Exemplaren unterscheiden. Aus Afrika und Indien gibt es etliche Berichte von gewaltigen Schlangen, welche sogar Büffel, Nashörner und Elefanten überfielen und verschlangen.

Seit jeher gibt es Gerüchte von einem Todeswurm, welcher in Südamerika sein Unwesen treibt. Kontakt mit dieser Kreatur endet tödlich, da er extrem giftig zu sein scheint. Dieser etwa 1,20 Meter lange Wurm lebt in einsamen und verlassenen Gebieten. Dort wo er vorkommt, sollen sich kilometerlange Röhrensysteme im Boden befinden, welche durch diesen Wurm angelegt wurden.

Selbst in Deutschland werden immer wieder Regenwürmer gemeldet, welche gewaltige Ausmaße von bis zu einem Meter Körperlänge besitzen sollen.

Einen großen Teil der kryptozoologischen Arbeit stellen zudem Meldungen über diverse Schlangen dar, welche als *Out of Place-Sichtungen* (kurz OOP genannt für Sichtungen an ungewöhnlichen Orten) eingestuft werden. Diese stellen sich zumeist als entwichene Schlangen von Reptilienhaltern heraus, welche durchaus sogar eine gewisse Bedrohung darstellen können. So ist es nicht verwunderlich, das alleine in Deutschland mehrfach pro Jahr sogar Schlangenalarm ausgelöst werden muss, wobei oftmals auch Polizei und Feuerwehr zum Einsatz und zu Suchaktionen herbeigerufen werden.

Neben diesen OOP's gibt es eine Unzahl an kryptiden Schlangen, welche aus allen möglichen Ecken dieser Welt gemeldet werden. Hierbei gibt es wahrscheinliche Kandidaten, welche aus biologischer Sicht durchaus in der geschilderten Form existieren können, und es gibt abenteuerliche und eher unwahrscheinliche Schlangen, welche in Lebensräumen leben sollen, in denen diese aus biologischer Lehre eben nicht überleben könnten.

So findet man Berichte über Riesenschlangen im Kaukasus, in Sibirien und selbst in Alaska und Nordkanada. Dies sind durchaus Lebensräume von Schlangen, aber eben von kleinen kompakten Arten wie Ottern, Vipern und Nattern, da diese weniger Wärmeenergie in den kurzen Sommermonaten aufnehmen müssen, während große Würgeschlangen auf dauerhaft warmes Klima in den Tropen und in Äquatornähe angewiesen sind. Um in den kalten Gebieten existieren zu können, wo nur kurze Zeit im Jahr genügend Sonnenwärme zur Verfügung steht, müssten diese eine neue Art von Stoffwechsel entwickelt haben, welcher auf einer Basis der *Gigantothermie* basiert. Unter *Gigantothermie* versteht man die Fähigkeit großer Tiere ihre Körpertemperatur über jener der Umgebung zu halten. Bei kalten Witterungsbedingungen, wie diese jedoch in Sibirien oder Alaska herrschen, würde dies einen enormen Energieaufwand bedeuten, wodurch diese Schlangen auf der anderen Seite eine enorme Menge an Nahrung benötigen. Allerdings sagt man einigen dieser Gigantenschlangen in kalten Regionen nach, dass diese sich sogar von Bären und Elchen ernähren sollen.

Biologisch betrachtet wäre dies eine enorme Ausnahmeerscheinung im Tierreich, denn in der Regel ist die Natur darauf bedacht möglichst energiesparend und effizient das Leben zu erhalten. Und gerade Schlangen sind hier besonders gut an diese Lebensweise angepasst.

Diese Gigantenschlangen aus den kalten Regionen dieses Planeten werden im Schnitt mit einer Länge zwischen drei und acht Metern beschrieben, selten darüber. Dies wäre wiederum biologisch nachvollziehbarer als jene Giganten, welche in den tropischen Gebieten leben sollen.

Die Riesenschlange des Rene van Lierde

Im Jahr 1959 flog Colonel Rene van Lierde mit seinem Helikopter über die Provinz Katanga im damaligen *Belgisch Kongo* (Afrika). Während dieses Fluges zog er mit dem Helikopter dicht über dem Boden und den Baumwipfeln dahin, als er etwas ungewöhnliches auf dem Boden erblickte. Langsam flog er näher heran, als eine riesige Schlange ihren Kopf etwas aufrichtete und den Helikopter anzugreifen schien. Kurzerhand stieg er mit dem Helikopter in die Höhe und machte einige Aufnahmen von diesem gewaltigen Tier. Er schätze die Größe dieser riesigen Schlange auf etwa 14 bis 16 m Länge. Als die Fotos entwickelt waren, legte er diese verschiedenen Zoologen vor, welche auf etwa die selbe Größe der Schlange kamen.

Doch leider gab es neben diesen Fotos keinen weiteren Beweis für die Existenz einer solch gewaltigen Schlange im Herzen von Afrika. Als bisher größte jemals wissenschaftlich belegte Schlange gilt eine Python von gut 10,5 m Länge, welche im Dschungel von Indonesien gefangen und getötet wurde.

Um die gigantischen Längenangaben überhaupt richtig zu erfassen, muss man sich zuerst einmal mit normalgroßen Riesenschlangen beschäftigen. Zur eigentlichen Familie der Riesenschlangen (*Boidae*) gehören die drei Unterfamilien der Boaschlangen (*Boinae*), Pythonschlangen (*Pythoninae*) und der Sandboas (*Erycinae*). Daneben gibt es noch weitere Schlangen, wie die Spitzkopfpythons (*Loxocemidae*), die Regenbogenboas (*Xenopeltidae*), die Erdboas (*Tropidophiidae*) oder die Bolyerschlangen (*Bolyeriidae*), welche allerdings jeweils eine eigene Familie darstellen. Die Artenvielfalt innerhalb der Familie der Riesenschlangen ist enorm und durch immer neue Erkenntnisse ständigen Fluktuationen unterworfen. Allen Riesenschlangen gemein sind jedoch Reste eines Beckens und Hinterextremitäten. Sie produzieren kein Gift, sondern erwürgen ihre Beute, weshalb sie auch meist als Würgeschlangen bezeichnet werden. Geografisch gesehen gehört das gesichtete Tier des Belgiers vermutlich zur Unterfamilie der Pythonschlangen (*Pythoninae*), deren hauptsächliches Verbreitungsgebiet neben Südostasien, Australien und Neu-Guinea auch Afrika ist. Zusammen mit den Sandboas, die ebenfalls in Nordafrika und Vorderasien, sowie in Griechenland und der Türkei vorkommen, werden sie auch als Altweltboas bezeichnet. Dementsprechend kommt die Unterfamilie der Boaschlangen (*Boinae*) nur in Amerika und der Karibik, sowie einigen Pazifikinseln und Madagaskar vor. Beide zusammen, Neu- und Altweltboas, kann man nur auf einigen Pazifikinseln beobachten.

Doch welche Riesenschlangenarten sind überhaupt in der Lage solche Ausmaße zu erreichen? Die größten Arten sind der Netzpython (*Python reticulatus*), welche im Normalfall 8 - 8,7 m Länge erreicht, und die Große oder auch

Grüne Anakonda (*Eunectes murinus*), welche im Normalfall 8 m erreicht und deren längste (wissenschaftlich belegte) Länge 9 m war. Daneben existieren Berichte von großen Felsenpython (*Python sebae*), welche im Normalfall 8 m erreichen, und der Tigerpython (*Python molurus*), die im Normalfall 6 - 7 m erreicht.

Betrachtet man nun die Schlangenarten, so kommen nur der Netzpython und der Felsenpython für das gesichtete Exemplar des Rene van Lierde in Frage. Die Tigerpython erreicht diese Länge bei weitem nicht und die Große Anakonda ist aufgrund ihrer geografischen Verbreitung auf Südamerika auszuschließen. Sollte das gesichtete Tier keiner unbekannten Gattung oder Art angehören, sondern tatsächlich ein Netz- bzw. Felsenpython sein, dann wäre diese Schlange um einige Meter länger als ein normales Tier dieser Arten!

Im Eozän gab es eine Schlange namens *Gigantophis*, von der zwar nur wenige Wirbel und Kieferstücke in El Faiyum (Ägypten) gefunden wurden, deren Gesamtlänge aber auf etwa 20 m geschätzt wird. Gegen Ende der Kreidezeit kamen die *Booidea* auf mit drei fossil belegten Familien, den *Dinilysiidae*, *Madtsoiidae* und *Palaeophidae*. Die *Booidea*, insbesondere die Riesenschlangen, waren vor allem zwischen 23,5 und 65 Mill. Jahren besonders präsent. Die Familie *Madtsoiidae* umfasste z.B. auch über 15 Meter lange Schlangen. Jedoch gelten sie als im Quartär (2 Millionen - 10.000 Jahre vor unserer Zeit) ausgestorben. Dies ist kein besonders langer Zeitraum. Wäre es demnach möglich, dass einige dieser alten Schlangen bis in unsere moderne Zeit überlebten?

Wahrscheinlicher ist jedoch, dass es sich bei der Schlange des Colonel's um ein übergroßes Exemplar einer Python handelte. So findet man in Aufzeichnungen immer wieder Artikel und Berichte, welche von wahren Giganten handeln. So auch am 29.12.2003, als eine Meldung durch die Medien ging, dass man auf Java eine 15 m lange Pythonschlange lebend gefangen habe. Nach Überprüfung wurde diese Meldung zwar widerlegt, da das Tier deutlich unter 10 m lang war, dennoch ist es durchaus möglich, dass es extrem große Schlangen von mehr als 10 m Körperlänge geben kann, auch wenn es sich lediglich um vereinzelte übergroße Exemplare von bereits gewaltigen Arten handelt...

Eines der Fotos von Colonel Rene van Lierde

Zeichnerische Darstellung von Gigantophis mit großem Beutetier

Sucuriju gigante

Laut Definition gilt die südamerikanische Grüne Anakonda (*Eunectes murinus*) als größte Schlange der Welt und erreicht eine Länge von bis zu 10 m. Diese Schlange lebt im gesamten Amazonasgebiet und gehört in die Familie der Boaschlangen. Während des Tages hält sich die Anakonda vorwiegend im Wasser in Ufernähe auf, um dort still verharrend auf Beute zu lauern. Nähert sich ein Tier, so schnellt der Kopf mit dem kräftigen Kiefer hervor und packt die Beute. Die Schlange wickelt ihren Körper um den Körper der Beute und mit einem kräftigen Druck, welcher den Brustkorb der Beute zusammendrückt, wird die Beute quasi erwürgt und erstickt. Je mehr sich die Beute wehrt, desto fester schlingt die Anakonda ihren muskulösen Körper um ihr Opfer, so dass diesem mit jedem Atemzug immer weniger Luft zum Atmen verbleibt, falls das Opfer ohnehin noch nicht ertränkt wurde. Daraufhin wird die Beute in einem Stück verschlungen. Nicht selten werden hierbei bei den Opfern durch den enormen Druck die Knochen zerbrochen, was letztendlich der Schlange zu gute kommt, da sie danach die Beute leichter verschlingen kann. Aufgrund dieser Jagdmethode zählt die Anakonda zu den sogenannten Würgeschlangen. Die bevorzugte Beute der Anakonda sind z.B. Capybaras und Tapire, jedoch werden selbst Wildschweine, Ziegen und gelegentlich auch Menschen Opfer dieser riesigen Schlange. Ist die Grüne Anakonda aber tatsächlich die größte Schlangenart auf der Erde?

Bereits die ersten spanischen Eroberer berichteten von gewaltigen Schlangen, welche sie "*Matatora*" nannten, was auf Deutsch soviel wie "*Bullenfresser*" bedeutet. Viele Berichte nennen eine Größe von etwa 25 Metern. Diese Schlangen sollen Kühe, Bullen, Pferde und Menschen völlig problemlos angefallen und gefressen haben.

Im Auftrag der bolivianischen Regierung kartografierte der britische Colonel Percy Fawcett in den Jahren von 1906 bis 1909 Teile des Amazonasgebietes. Auch er berichtete von einer Begegnung mit einer gewaltigen Schlange, welche er für eine riesige Anakonda hielt. Er und sein Team entdeckten die Schlange, als diese sich gerade dem Ufer näherte. Fawcett schoss auf das Tier, welches sich daraufhin wie wild wälzte und schließlich starb. Er notierte in seinem Bericht eine Gesamtlänge des Tieres von etwa 20,5 Metern. Der Körper hatte einen ungefähren Durchmesser von etwa 40 Zentimetern.

Im Jahr 1925 berichtete der Pater und Missionar Victor Heinz von einer Begegnung mit einer gewaltigen Riesenanakonda auf dem Rio Negro in Brasilien. Das Tier war schätzungsweise 26 m lang und in etwa so dick wie ein Ölfass.

Aufgrund dieser und vieler weiterer Zeugenaussagen gaben die Bewohner dieser mysteriösen Riesenschlange den Namen "*Sucuriju gigante*", was soviel wie „Gigantenschlange“ bedeutet, jedoch fehlt bis heute ein eindeutiger wissenschaftlicher Beweis für die Existenz dieser gewaltigen Tiere.

Neben den Zeugenaussagen existieren allerdings keine direkten Beweise, welche die Aussagen belegen könnten. Man hat bis heute keinen Kadaver eines solchen Tieres wissenschaftlich untersuchen und katalogisieren können, auch gibt es keine verwertbaren Filmaufnahmen dieser Tiere. Eine direkte Suche im dichten tropischen Regenwald des Amazonas ist hierbei ebenfalls eine schwierige Aufgabe, welche nicht unbedingt zu einem greifbaren Ergebnis führen muss. Immerhin ist der Amazonas der größte Regenwald unseres Planeten und weite Teile sind bis heute unerforscht und kaum zugänglich.

Der Indianerstamm der Chavantes tötete im Jahr 1947 mehrere brasilianische Einwohner, worauf der Indianerrechtsaktivist Francisco Meirelles eine Expedition zu den Chavantes unternahm, um den Frieden wiederherzustellen. Während dieser Reise unternahmen die Expeditionsteilnehmer immer wieder Ausflüge in die nähere Umgebung ihres Basislagers. Auf einem dieser Ausflüge, man wollte ursprünglich Capybaras jagen, entdeckte der Wildnisführer eine schlafende Anakonda im hohen Sumpfgras. Die Jäger schlichen sich bis auf zwanzig Meter heran bevor sie schossen. Die Schlange versuchte panisch zu fliehen, wurde jedoch durch mehrere Kugeln aufgehalten und getötet. Erst als die Männer ihre Beute genauer in Augenschein nahmen, stockte ihnen regelrecht der Atem. Mit einem Stückchen Faden begannen sie die Anakonda zu vermessen und kamen auf die unglaubliche Länge von 23 Metern.

Am 24. Januar 1948 veröffentlichte die Tageszeitung "*Diario*" der brasilianischen Gemeinde Pernambuco unter der Schlagzeile "*Anakonda wiegt 5 Tonnen*" ein Bild einer riesigen Schlange. Dieses Bild zeigte einen Teil dieser Schlange, welche von einer Gruppe Indios auf dem Gelände einer Farm getötet wurde. Das Tier hatte einen ganzen Bullen verschlungen und war mit der Beute im Magen recht aufgebläht. Die Indios banden am Nacken des Tieres einen Strick fest und befestigten das Ende an einem Baum. Mit mehreren Männern zogen Sie das Tier in die Länge und befestigten das andere Ende an einem zweiten Baum. Das gesamte Tier soll eine Länge von mehr als 43 Metern gehabt haben.

Vier Monate später publizierte die Zeitung "*A Noite Illustrada*" in Rio ein weiteres Bild einer gewaltigen Schlange, welche von Soldaten im Regenwald getötet worden sein soll. Diese Schlange soll eine Gesamtlänge von etwa 38 Metern erreicht haben. Leider werden diese beiden Fotografien nicht als direkter wissenschaftlicher Beweis anerkannt, da man auf beiden Aufnahmen außer den Schlangenkörpern keine weiteren Details erkennen kann, welche als Vergleich für die Größe der Tiere dienen könnten.

Einige Expeditionen auf der Suche nach der *Sucuriju gigante* verliefen erfolglos. Erst wenn man ein Tier dieser Größe fangen oder einen Kadaver vorweisen kann, wird man einen endgültigen Beweis für die Existenz dieser Giganten des Tierreiches in Händen halten. Bis es soweit ist, bleibt *Sucuriju gigante* ein kryptides Tier, doch die Suche nach der Gigantenschlange geht weiter...

Zeichnung einer Begegnung zwischen *Sucuriju gigante* und Soldaten im Jahr 1948

Krähende Schopfkobra

Im Mai des Jahres 1959 fuhr John Knott aus dem Ort Binga in Südrhodesien (heute Simbabwe) in Afrika mit seinem Wagen, um sich auf den Weg nach Hause zu begeben. Nachdem er eine Weile auf der holprigen Piste gefahren war, nahm er kurz vor sich auf der Straße etwas längliches wahr, konnte aber nicht schnell genug ausweichen oder abbremsen. So geschah es, dass er mit seinem Wagen darüber hinwegrollte und erst kurz danach anhalten konnte.

Als er ausstieg stellte er fest, dass es sich um eine mehrere Meter lange Schlange handelte, welche er mit seinem Wagen überfahren und getötet hatte. Doch irgend etwas irritierte John Knott an diesem Anblick. Er hatte bereits viele Schlangen gesehen, aber was sich hier seinen Augen bot war doch mehr als ungewöhnlich. Vorsichtig näherte er sich dem Kadaver, um einen besseren Blick auf die Schlange werfen zu können. Nachdem er sich sicher war, dass das Tier tatsächlich nicht mehr lebte, begab er sich zum Kopf des Tieres und betrachtete diesen genau. Der Kopf dieser Schlange besaß oben einen symmetrischen Kamm, welcher anscheinend mittels 5 hebelähnlicher Knorpel beweglich war, so dass die Schlange diesen Kamm aufstellen und zurückklappen konnte.

Ernstzunehmende Berichte dieser Art existieren viele aus den tropischen Gebieten Afrikas, in denen von einer kammtragenden Schlange berichtet wird, welche bislang zoologisch allerdings nicht nachgewiesen werden konnte. In vielen Berichten durch Beobachter dieser Schlange werden auch Kehllappen erwähnt, welche seitlich der Mundpartie münden. Ein weiterer Punkt, der oftmals erwähnt wird, ist ein ungewöhnlicher Ton, welchen diese Schlange ausstößt und der an das heisere Krähen eines Hahnes erinnern soll. Aufgrund dieser Beschreibungen wird sie auch als "*Krähende Schopfkobra*" bezeichnet, obwohl sie nicht unbedingt das Aussehen aufweist, welches für eine Kobra typisch ist. Diese Schlange ist unter der Bevölkerung zudem seit langem unter verschiedenen Namen bekannt, so auch unter dem Namen "*Inkhomi*", was soviel wie "Mörder" bedeutet. Der Biss dieser Schlange soll extrem gefährlich sein und in den meisten Fällen binnen weniger Minuten zum Tode führen.

Im Jahr 1944 behauptete ein gewisser Dr. J.O. Shircore aus Koranga in Malawi, er sei im Besitz eines konservierten Kammes mit einem Teil des Halses dieser Schlange. Jedoch ist nicht bekannt, was aus diesem konservierten Überrest wurde. Aus mehreren Berichten geht hervor, dass diese Schlange eine Größe von bis zu 6 m Körperlänge erreichen kann. Sie ist äußerst aggressiv und angriffslustig. Wenn man sich dieser Schlange nähert, so richtet sie den Oberkörper auf, spreizt den Kamm auf dem Kopf und bläht die Kehllappen ein wenig auf. Von ihrem Aussehen erinnert sie dabei sehr stark an den mythologischen Basilisken. Das Verhalten erinnert an jenes von Kobras oder auch dem der australischen Kragenechsen (*Chlamydosaurus kingii*), welche bei Gefahr den Nacken aufblähen und sich aufrichten.

Wie bereits erwähnt ist diese Schlangenart bisher nicht zoologisch katalogisiert, da bislang kein lebendes oder totes Exemplar untersucht werden konnte. Alle Indizien dieses merkwürdige Reptil betreffend beruhen auf Zeugenaussagen und den Erzählungen der Eingeborenen. Wenn man davon ausgeht, dass es sich um eine seltene Schlangenart handelt, welche in den tropischen Regionen Zentralafrikas mit viel Vegetation lebt, so scheint es durchaus möglich, dass sie auch noch längere Zeit unentdeckt weiterexistieren kann. Da man in diesen Regionen, abgesehen von einigen Ausnahmen, mit diesen Schlangen lebt und keine große wissenschaftliche Struktur besteht, werden diese auch nicht unbedingt gemeldet, falls wieder einmal ein Exemplar auftaucht.

Eventuell werden wir wieder durch einen Zwischenfall auf einer Straße, ähnlich jenem von John Knott, ein Exemplar erhalten, welches dann auch noch in die richtigen Hände vor Ort fällt. Fakt ist, das sich nicht nur ein Fabelwesen hinter all den Erzählungen verbirgt, denn hierzu stimmen zu viele Details aus weiten Gebieten Afrikas treffend überein.

Und das selbst heute noch große Giftschlangen im Herzen Afrikas gefunden werden, beweisen immer neue Entdeckungen aus diesen Gebieten. So wurde im Dezember 2007 erst eine neue Art der Speikobras entdeckt, welche auf etliche Beschreibungen von ungewöhnlichen Schlangen passt. Sie wird knapp drei Meter lang und hat in einem Biss genug Gift, um 15 bis 20 Menschen zu töten: Forscher haben in Kenia die weltweit größte Speikobra entdeckt und als bislang unbekannte Art eingetragen. Die neue Art wurde *Naja ashei* getauft, zu Ehren von James Ashe, dem Gründer einer Schlangenfarm in Watamu an der kenianischen Küste, der sich seit Jahren für die Erforschung der Kobraarten der Region eingesetzt hatte.

Ashe hatte seit längerem vermutet, dass die Speikobras an der kenianischen Küste eine eigene Art sind. Wolfgang Wüster von der Universität Bangor in Wales gelang es schließlich mit Blut- und Gewebeproben, die Schlange als eigenständige Spezies einzuordnen. Er beschreibt die neue Art zusammen mit Donald Broadley von der simbabwischen Artenschutzstiftung für Afrika im Fachjournal «Zootaxa» (Bd. 1532, S. 51).

Speikobras verteidigen sich außer mit Bissen auch durch gezieltes Spucken ihres Gifts in die Augen eines Angreifers. Die Tiere können dabei über mehrere Meter gezielt spucken. Wird das Gift nicht ausgewaschen, kann die Spuckattacke blind machen.

Der mongolische Todeswurm

In der Wüste Gobi in der Mongolei lebt ein weiterer Vertreter dieser seltsamen Schlangenwesen. Der mongolische Todeswurm, dessen Name die Menschen in diesem Gebieten schon vor Angst erschauern lässt.

Trotz mehrfachen Versuchen mehr über dieses ungewöhnliche Tier herauszufinden, weiß man bisher nicht viel über dieses angeblich leuchtend rote und schlangenartige Wesen. Es hat den Anschein, als ob über dieser Sache ein undurchdringlicher Schleier des Schweigens schwebt. Die Einheimischen reden kaum von diesem Todeswurm, welcher auch *Allghoi Khorkhoi* (auch *Olgoi Khorkhoi*) genannt wird, was soviel wie *Darmwurm* bedeutet. Die Angst vor diesem doch recht seltsamen und gefährlichem Wesen ist zu groß. Dieses Tier scheint alleine bei der Erwähnung des Namens ein Bote des Grauens und des Unglücks zu sein.

Laut Berichten und Legenden endet eine Begegnung mit dieser Kreatur immer tödlich, da er über sehr starke Angriffs- und Verteidigungswaffen verfügt. Dieser Wurm soll sich aufblähen, wobei sich dicke Blasen auf dem Körper bilden, aus denen ein extrem tödliches Gift versprüht wird. Dieses Gift soll sofort wirken und Menschen, Pferde und Kamele umgehend töten können. Nach weiteren Legenden soll er einen starken elektrischen Stromschlag von sich geben können, ähnlich einem Zitteraal, womit er seine Opfer lähmen kann. Man nimmt an, dass der Wurm speziell auf gelbe Farbe fixiert ist und stark von dieser angezogen wird. Anscheinend ist die Berührung der Haut des Tieres alleine schon tödlich, wie man es von einigen anderen Tieren, etwa den Pfeilgiftfröschen, kennt.

Es gibt nur wenige Berichte über Begebenheiten mit diesem Wurm, da die Einheimischen nur sehr selten über dieses Tier reden. Ein typischer Bericht für die Begegnung mit einem Todeswurm erzählt von einem kleinen Jungen, welcher im Freien spielte. Dieser Junge besaß eine gelbe Spielzeugkiste, in welche ein *Allghoi Khorkhoi* hineinkroch. Als der Junge in die Kiste fasste, kam er in direkten Kontakt mit diesem Wesen. Die Eltern fanden ihren Jungen tot auf und verfolgten sogleich die seltsame Spur im Sand. Fest entschlossen dieses Tier zu töten, welches ihr Kind tötete, suchten sie weiter. Doch auch die Eltern des Jungen hatten bei der Begegnung mit dem Todeswurm keine Chance und wurden getötet.

Der tschechische Autor Ivan Mackerle machte sich auf, um mehr über dieses Wesen herauszufinden. Doch er stieß auf große Probleme, da das damalige Regime keine derartigen Forschungen in dieser Gegend erlaubte. Es hatte den Anschein als wolle man nicht dass dieses Tier entdeckt wird. Doch als 1990 der Kommunismus in der Mongolei zusammenbrach, erlaubte man ihm Untersuchungen durchzuführen und die Expedition nach dem Todeswurm lief an. Er stieß dabei auf mehr Fragen als Antworten. Viele Informationen über dieses Tier waren nicht aufzufinden, da niemand über die Geschehnisse reden will.

Nach langem suchen fand er jedoch jemanden, der ihm einige Informationen gab. Durch die wenigen Hinweise die man herausfand, ist man der Meinung, dass es sich bei dem Todeswurm wahrscheinlich nicht direkt um einen Riesenwurm im wörtlichen Sinne handelt. Man nimmt an, dass es sich entweder um eine seltene Schlangenart, einen Verwandten der Kobras oder um ein salamanderartiges und überaus seltenes und giftiges Tier handelt. Interessant ist auch ein Fund von Stummelbeinen, welche nicht zu einem uns bekannten Tier gehören. Mackerle ist sich zudem nicht ganz sicher, in wie weit diese getrockneten Stummelbeine im Zusammenhang mit dem Todeswurm selbst stehen oder gar von einem anderen Tier stammen. Könnten diese eventuell ein Beweis sein, dass es sich hierbei um eine Echse handelt?

Ob es nun tatsächlich Todeswürmer gibt oder ob diese nur als Erklärung für ungewöhnliche Todesfälle in der Mythologie der mongolischen Bewohner stehen, ist bis jetzt eine ungelöste Frage. Unter Umständen sind Berichte über mehrere Tiere, wie etwa Giftschlangen und Eidechsen, in den Mythos der Todeswürmer eingeflossen. Auf der anderen Seite ist es auch durchaus möglich, dass ein Tier, welches fast ausschließlich unter der Erde und in Sanddünen lebt, und zudem noch äußerst tödlich ist, bis zum heutigen Tage nicht wissenschaftlich beschrieben werden konnte. Dies liegt vor allem auch an dessem Lebensraum in den schwer zugänglichen und unwirtlichen Gebieten der Wüste Gobi.

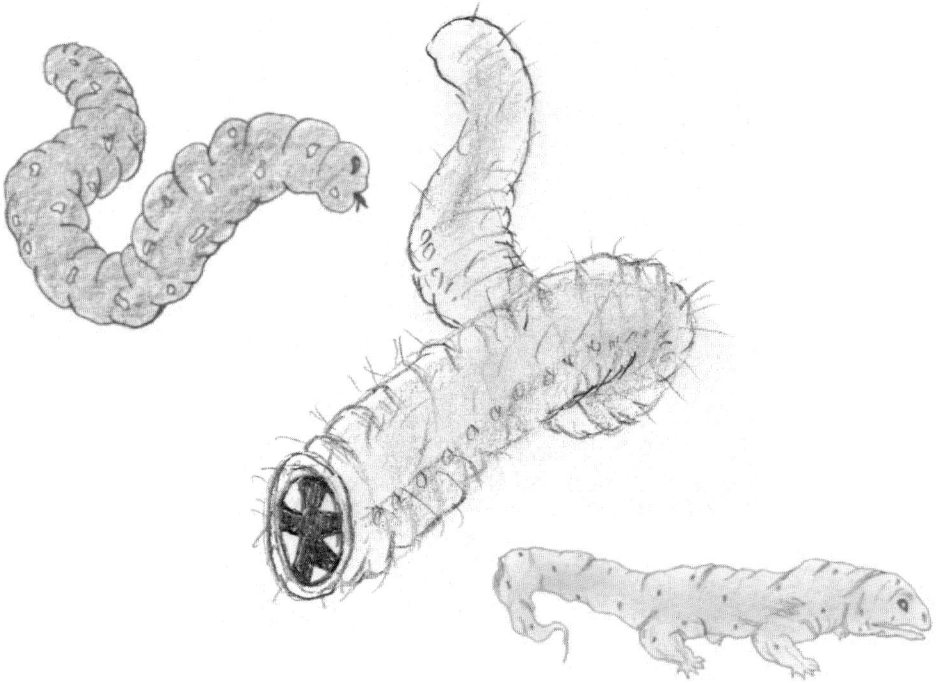

Der alpine Tatzelwurm

Auf den kommenden Seiten werden wir uns ein wenig dem Thema Tatzelwurm annähern, welcher einer der bedeutendsten Kryptide in Mitteleuropa, vor allem im Alpenraum, darstellt. Bis ins späte Mittelalter waren Legenden und Sagen über Tatzelwürmer aus allen Mittelgebirgen im deutschsprachigen Raum zu finden, wie ein hier gezeigtes Beispiel (Der Tatzelwurm von Aschaffenburg) aus dem Spessart in Deutschland aufzeigt. Zählte man den gemeinen Tatzelwurm ehemals zu den Drachenartigen, so scheinen die Legenden jedoch auf einen durchaus existenten Vertreter aus der Gruppe der Reptilien zurück zu gehen.

Neben der aufgeführten Sage werden wir auf den kommenden Seiten eine kleine Zusammenfassung zum Tatzelwurm finden, welche sich gezielt mit dem alpinen Tatzelwurm befasst.

Gerade in diese Richtung habe ich im Zusammenhang mit dem ehemaligen *Verein für kryptozoologische Forschungen e.V.* ein interessantes Forschungsprojekt ins Leben gerufen, welches sich mit den Hintergründen der Tatzelwurmlegende befasst. Zu diesem Zweck veranstaltet der Verein Projekte vor Ort, um alle erreichbaren Daten zu erfassen und auszuwerten.

Ob der Tatzelwurm nun ein reales Lebewesen ist, welches von der Zoologie bislang nicht erfasst oder nicht korrekt gedeutet wurde, oder ob es sich nur um ein imaginäres Fabelwesen handelt, welches der Phantasie unserer Vorfahren entsprang und sich sehr weit verbreitete, bleibt auch weiterhin eine unbeantwortete Frage. Wir haben mit unserem Forschungsprojekt versucht hier etwas Licht in die Dunkelheit des Mythos zu bringen.

Tatzelwurm-Logo des Verein für kryptozoologische Forschungen e.V.

Der Tatzelwurm von Aschaffenburg

In der Rückersbacher Schlucht, zwischen Aschaffenburg (Unterfranken/Deutschland) und Kahl, lebte einst ein schrecklicher Tatzelwurm. Leute, die dort vorbeifuhren, sahen oft in der Nähe der Schlucht giftige, stinkige Wolken aufsteigen. Wenn der Wurm seinen feurigen Atem herausblies, ward die ganze Gegend westlich der Schlucht versengt und sieht heute noch teilweise wie eine Mondlandschaft aus.

Vor allem aber hatten die Orte in der Umgebung der Schlucht zu leiden. Wenn der Wurm irgendwo auftauchte, meist geschah das an einem Wochenmarkt, ließ er von Verkaufsständen und Lagerstätten nichts übrig; ganze Ortschaften wie Kleinostheim, Dettingen oder Kahl, dass daher seinen Namen hat, hatten manchmal im Winter nichts als Kartoffeln zu essen und nur noch wüste Felder um sich, so gründlich räumte der Tatzelwurm auf.

Die Aschaffenburger fühlten sich vor dem Tatzelwurm sicher, weil die Stadt damals von einer Stadtmauer umgeben war, mit Türmen und einer Burg davor, so dass der Tatzelwurm nicht hineinkommen konnte. Sie machten sich zuweilen sogar über die Nöte der Nachbarorte lustig und hielten, wenn man wieder vom Tatzelwurm gehört hatte, einen Sondermarkt ab.

An einem Tag im Oktober, dem Wolfgangstag, geschah es aber, dass ein Bauer eine Ladung mit Wackersteinen nicht ordentlich abgestellt hatte, so dass sein Wagen neben dem Schloss eine abschüssige Gasse hinunterrollte und ein Loch in die Stadtmauer schlug. So konnte der Tatzelwurm in die Stadt kommen. In wenigen Stunden hatte der Wurm die ganzen Läden der Innenstadt leergefressen, die Grabkirche im Schöntal zertrümmert, die Stadtmauer beim Herstallturm beseitigt und kroch nun feuerschnaubend zurück zum Marktplatz am Schloss, den er in kürzester Zeit leerfraß und dem Erdboden gleichmachte.

Am schlimmsten war aber, dass der Tatzelwurm nun wusste, wie man in die Stadt gelangte, und an jedem Wochenende den Markt abräumte, bevor die Händler auf ihre Kosten gekommen waren. Solches ist einem Aschaffenburger aber ganz und gar unerträglich, und man beratschlagte, was gegen das Untier zu unternehmen sei, ohne jedoch eine Lösung zu finden, da einige der Händler von nun an immer einen Tatzelwurmaufschlag verlangen konnten, der sie gut leben ließ, auch wenn sie nur eine Stunde lang ihre Waren feil zu halten Gelegenheit hatten. So wehrten sich viele der Marktleute gegen Maßnahmen zur Vertreibung des Wurms und sahen es wohlwollend, wenn er den Leuten die Küchen leerfraß, weil sie dann manchmal mehrmals am Tag bei ihnen einkaufen mussten.

An einem solchen Samstag hielt jedoch erstmals eine Marktfrau namens Elise aus Jena, nach ihr ist die Elisenstrasse und das Jenaer Glas benannt, ihre Waren feil. Es waren feuerfeste Töpferwaren und Küchengerät, so handfest wie die Marktfrau selbst, die schon manchen Räuber, aber auch unliebsame

Gendarmen mit ihrem Kochlöffel in die Flucht geschlagen hatte. Diese Marktfrau Elise ergriff nicht wie die anderen die Flucht, sondern warf, um den Kunden die Vorzüglichkeit ihrer Waren zu beweisen, dem Untier die Besten ihrer feuerfesten Schüsseln und Töpfe ins Maul, worauf der Tatzelwurm einen Hustenanfall bekam und ihm das Feuer aus Nase und Uhren flog, seinen Atem und somit seine Gefahr verlor. Der standhaften Marktfrau gelang es nun, mit einer schweren Bratpfanne den Tatzelwurm zum Einhalten zu zwingen und nach mehreren schmerzhaften Schlägen auf seine, in der Kälte empfindliche, Nase zog er sich in die benachbarte Johannesburg zurück.

Dort aber hatte sich ein tapferer Glockenspieler auf den Turm begeben und bewarf den Wurm mit den schwersten der Spielglocken, die das Johannisburger Carillon trug. Eine traf ihn so gezielt am Kreuz, dass er sich nie mehr richtig krümmen konnte. Der Tatzelwurm verließ daraufhin auf Nimmerwiedersehen die Stadt und haust seither an der Mainbeuge bei Stockstadt, wo er über einen Schlot seine giftigen Dämpfe ablässt. Das Glockenspiel des Aschaffenburger Schlosses klingt aber seit diesem Tag etwas schräg, da einige Glocken beim Wurf etwas verbogen wurden.

Da die Stadtväter hin und wieder den Markt an eine andere Stelle verlegen, findet sich nicht immer eine Marktfrau, die den Tatzelwurm daran hindern könnte, in die Stadt zu kommen. Deshalb führen die Aschaffenburger die Straßen, die in die Innenstadt gehen, an vielen Stellen im Kreis herum, denn hier kommt der Wurm mit seinem steifen Kreuz nicht durch und muss unverrichteter Dinge wieder umkehren. So haben sie sichergestellt, dass ihnen niemand mehr an den Markttagen die Läden ausräumt.

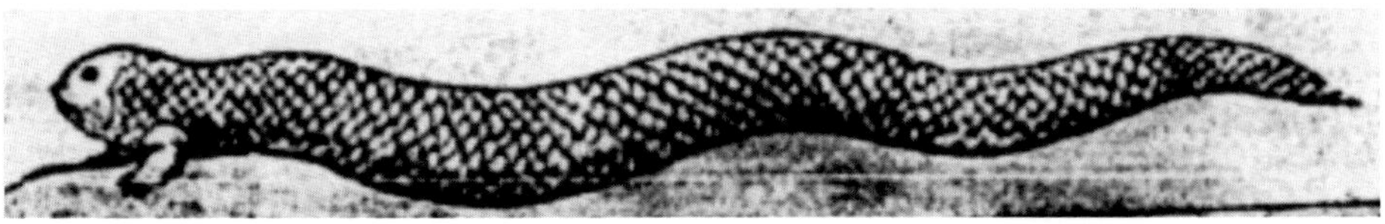

Tatzelwurm-Darstellung aus einem Naturalmanach von 1841

Lebensraum in den Alpen

Im Jahre 1924 befanden sich zwei Reisende auf ihrem Weg durch die Alpen, als diese im Murtal einen seltsamen Fund machten. Während ihrer Wanderung stießen sie auf die skelettierten Überreste einer sehr großen Eidechse, welche enorme Ausmaße hatte. Das Skelett war etwa 1,20 m lang, was die beiden Wanderer an die Legenden über ein gefährliches Wesen erinnerte, welches in den Alpen sein Unwesen treiben soll und im allgemeinen unter dem Namen "Tatzelwurm" bekannt ist.

Der Name "Tatzelwurm" leitet sich aus den beiden deutschen Begriffen "*Tatze*" für "*Bein*", "*Pfote*" oder "*Klaue*" und der Bezeichnung "*Wurm*" ab, also ein "*Wurm mit Beinen*". In manchen Regionen ist dieses Wesen auch unter dem Namen "Springwurm", "Stollenwurm", "Dazzelwurm", "Praatzelwurm" oder auch "Bergstutzen" bekannt, obwohl alle das gleiche Tier bezeichnen. Doch handelte es sich bei diesem seltsamen Fund tatsächlich um die Überreste dieses mysteriösen Untiers? Die beiden Wanderer sammelten das Skelett ein und brachten es zu einem Studenten der Veterinärmedizin, welcher den Fund schließlich untersuchte. Der Student war sich nicht schlüssig, um was es sich bei diesem Fund handelte, jedoch äußerte er die Vermutung, dass es sich hier um die Überreste eines Hirschgeweihs handeln könne. Nach Ansicht der beiden Wanderer war allerdings diese These absolut unsinnig, da es sich in ihren Augen tatsächlich um ein Skelett handelte. Nach einiger Zeit jedoch wurde schließlich der Fund auf den Müll geworfen, da er offensichtlich keinen Nutzen mehr hatte, und so ging ein wertvolles Beweismittel für weitere wissenschaftliche Untersuchungen verloren.

Interessant scheint hier aber auch ein weiterer Umstand zu sein, dass ein zwölfjähriger Hirtenjunge nur zwei Jahre später, ebenfalls an dieser Stelle im Murtal, einer gewaltigen Eidechse begegnete. Diese Rieseneidechse jagte dem Jungen einen dermaßen gewaltigen Schrecken ein, dass dieser sich weigerte während des gesamten Sommers weiterhin die Schafe zu hüten.

Der Tatzelwurm gilt laut altem Volksglauben als kleiner Verwandter der Drachen oder Lindwürmer. Seit jeher wird der Tatzelwurm als äußerst aggressive Bestie beschrieben, welche Tiere und Menschen anfällt. In manchen Überlieferungen wird berichtet, dass dieser in Höhlen, Gängen und Stollen hausen soll, welche der Tatzelwurm teilweise selbst in den Felsboden gräbt, woaruf auch sein Name „Stollenwurm" zurückgeht. Oftmals schreibt man dem Tatzelwurm die Fähigkeit zu, giftige Dampfwolken und gar Feuer zu speien, was auf seine Verwandtschaft zu den Drachen hindeutet. Auch existieren Überlieferungen, in denen der Tatzelwurm giftigen Schleim spucken konnte oder die Berührung mit diesem Wesen unangenehme Folgen hatte, da er über eine giftige Haut verfüge. Meist wird er mit zwei klauenbewährten Vorderbeinen beschrieben, manchmal auch ganz ohne sichtbare Beine. Viele dieser Legenden über den Tatzelwurm mögen hinzugedichtet sein, doch könnte hinter all dem nicht ein wahrer Kern stecken?

An einem warmen Sommertag im Jahr 1921 befanden sich ein Wilderer und ein Hirte zur Jagd auf der Hochfilzenalm in Südösterreich. Als die beiden Männer eine zeitlang unterwegs waren, kamen sie in die Nähe eines Felsens, auf dem sie etwas ausmachen konnten. Langsam und vorsichtig näherten sich diese dem Felsen und erblickten dort einen etwa 60 bis 90 Zentimeter langen Wurm mit grauer Farbe, welcher etwa so dick wie der Arm eines Mannes war. Weder der Wilderer noch der Hirte hatten zuvor ein solches Tier gesehen, also beschloss der Wilderer dieses Wesen zu schießen. Doch der Wurm hielt nicht still, sondern sprang mit einem großen Satz in Richtung der beiden Männer, so dass diese die Flucht ergriffen. Während des Sprunges konnten die beiden Männer zwei kurze Vorderbeine an diesem Wesen ausmachen.

Der Eisenbahnmitarbeiter Kaspar Arnold war im Jahre 1883 nahe dem Ort Hochfilzen in Tirol unterwegs, als er unweit vor sich einen etwa 30 bis 40 Zentimeter langen Wurm ausmachen konnte, welcher Arnold mit einem sehr bösartigen Blick anschaute. Da dieser Wurm keine anstalten machte sich von der Stelle zu bewegen, schritt Arnold in einigem Abstand an dem Tier vorbei und konnte es so eine ganze zeitlang beobachten. Er beschrieb es als eidechsenähnliches Wesen, etwa so dick wie der Arm eines Mannes und von grünbrauner Färbung. Am Vorderkörper befanden sich zwei kurze Beine, wohingegen am Hinterkörper keine Beine sichtbar waren. Weiterhin beschrieb er den Blick des Tieres als äußerst bösartig, so dass ihm dieser Blick regelrecht Furcht einflößte. Die Haut war mit feinen glänzenden Schuppen ohne Haare überzogen. Laut seiner Aussage hatte er niemals zuvor etwas ähnliches gesehen, obwohl ihm alle heimischen Tiere wie Otter, Eidechsen, Schlangen, Wiesel, Murmeltiere und andere bekannt waren.

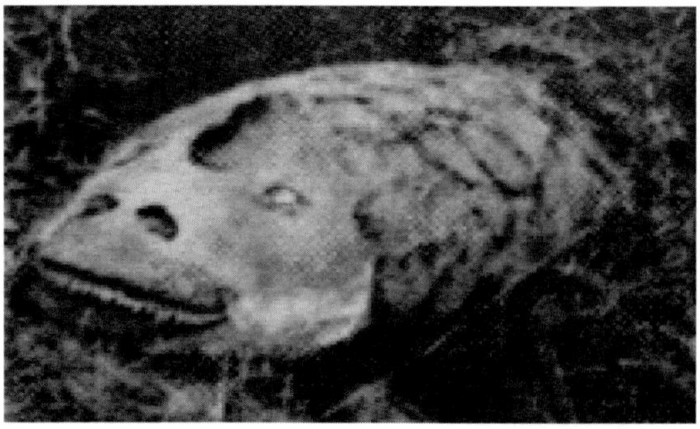

Im Jahr 1934 behauptete ein Fotograf namens Balkien, er sei in der Nähe des Ortes Meiringen in der Schweiz auf einen Stollenwurm gestoßen, von welchem er eine Aufnahme machte. Jedoch sind sich Experten einig, dass diese Aufnahme vermutlich den Kopf eines Fisches aus Steingut zeigt und höchstwahrscheinlich als Fälschung anzusehen ist. Bislang scheint es keine verwertbaren Fotos des Tatzelwurms zu geben.

Das Verbreitungsgebiet der Tatzelwürmer liegt aber nicht nur den Alpenregionen, sondern auch andere Gebirgsketten und Mittelgebirge Süd- und Mitteleuropas sind reich an Legenden und Berichten über Tatzelwürmer. Darunter auch ernstzunehmende Beschreibungen über Angriffe auf Tiere und Menschen. Seit Anfang des zwanzigsten Jahrhunderts allerdings wurden Sichtungsberichte immer seltener, was darauf schließen lässt, dass der Tatzelwurm durch den aufkommenden Tourismus und immer weiter voranschreitende Bevölkerung der Bergregionen stark dezimiert wurde und in einigen Regionen mittlerweile ausgestorben ist. Seit Mitte des 20. Jahrhunderts gab es fast keine Sichtungen mehr. Auch in den Mittelgebirgen machte sich ein Rückgang von Berichten bemerkbar, je mehr Bevölkerung in diesen Gebieten lebte und die Natur für den Verkehr erschlossen wurde. So ist es nicht verwunderlich, das gerade in den Mittelgebirgen die Sichtungsberichte schon vor längerer Zeit endeten. Einer der letzten wirklich spektakulären Fälle begab sich im Jahr 1954, als sizilianische Landwirte von einem wurmähnlichen Wesen mit zwei

Vorderbeinen und Katzenkopf berichteten, welches in der Nähe von Palermo auf Sizilien eine Schweineherde angriff.

Alle hier aufgeführten Fälle sind nur ein winziger Bruchteil der Sichtungsberichte über den Tatzelwurm, jedoch geben diese wie auch viele andere Beschreibungen ein verwertbares und recht einheitliches Bild dieses Wesens wieder. Der Tatzelwurm besitzt eine Größe zwischen 50 und 150 Zentimetern, mit einem Körperdurchmesser von etwa 25 bis 30 Zentimetern. Der Kopf wird oftmals als katzenähnlich beschrieben und die Körperfarbe scheint regional leicht zu schwanken. Von einem hellgrauen Farbton über braungrünliche bis hin zu einer fast schwarzen Färbung. Einzig in der Anzahl der Beine schwanken die berichteten Daten auseinander. Mal wird der Tatzelwurm als beinlose Schlange beschrieben, in vielen Fällen wurden nur zwei Vorderbeine erkannt und in einigen Berichten ist von zwei winzigen Hinterbeinen die Rede. Betrachtet man die gesammelten Daten, so kommen in der Tat in der Natur Reptilien- und Amphibienarten vor, welche diese Eigenschaften vorweisen.

Es existiert eine weit verbreitete Echsenart, die Skinks, von denen einige vier kurze Beine, andere nur zwei winzige Vorderbeine haben. Ist der Tatzelwurm eine extrem große Art aus der Familie der Skinke? Auch die meisten Salamanderarten besitzen vier Beine, jedoch die nordamerikanischen Armmolche besitzen ebenfalls nur zwei Vorderbeine. Nach einigen Beschreibungen wäre es zudem durchaus denkbar, dass es sich beim Tatzelwurm um eine große Molch- oder Salamanderart handelt.

Salamander in dieser Größenordnung sind durchaus in der Natur zu finden, etwa der *Megalobatrachus* aus China und Japan, welcher für seine Größe berühmt ist. Bernard Heuvelmans kam zu dem Schluss, dass es sich beim Tatzelwurm um einen Verwandten der giftigen Krustenechse *Heloderma suspectum* aus der Gilawüste handeln könne. Auch wäre eine Verwandtschaft mit dem mysteriösen mongolischen Todeswurm denkbar, oder mit der Panzerschleiche *Ophisaurus apodus*, einer großen beinlosen Eidechse, welche in Südeuropa heimisch ist.

Anhaltspunkte existieren viele, aufgrund der zahlreichen Berichte und Legenden über dieses mysteriöse Lebewesen. Biologisch betrachtet sind die beschriebenen Merkmale durchaus plausibel nachvollziehbar, so dass man zu dem Schluss kommen kann, dass es den berüchtigten Tatzelwurm tatsächlich einmal gab, dieser jedoch im Laufe der steigenden Bevölkerungszahlen der letzten Jahrhunderte als ausgestorben angesehen werden muss. Oder leben irgendwo versteckt in den Bergen noch einige Exemplare des alpinen Tatzelwurms? Wurde dieses faszinierende Wesen vom Menschen ausgerottet, bevor wir es zoologisch erfassen konnten, obwohl es direkt vor unserer Haustüre lebte? Ebenso mysteriös wie der Tatzelwurm selbst ist demnach auch die Frage, wo er abgeblieben ist.

Der Verein für kryptozoologische Forschungen e.V. veranstaltete im Zeitraum vom 24. Juli bis einschließlich zum 30. Juli 2006 eine kleine Forschungsreise auf den Spuren des Tatzelwurms im Grenzgebiet der deutsch-österreichischen Alpen.

Wie kommt man auf die Idee, eine Reise auf den Spuren eines Wesens durchzuführen, welches aus dem Bereich der Fabeln und Legenden zu stammen scheint? Als einfachste Erklärung hierfür wäre z.B. die Neugier zu nennen, was sich hinter all jenen Geschichten verbirgt, die sich um den legendären Tatzelwurm, in diesem Fall dem alpinen Tatzelwurm, ranken. Von den vielen regionalen und lokalen Legenden um den Tatzelwurm haben wir uns jedoch für den Tatzelwurm der Alpen entschieden, da selbst aus neuerer Zeit immer wieder Berichte über Sichtungen vorkamen. Vor allem eine Mail einer Leserin gab bereits im Jahr 2004 den Anstoß, sich intensiver auf ein solches Vorhaben vorzubereiten. Mitte des Jahres 2005 ergab sich dann schließlich die Gelegenheit, in dieser Richtung ein Projekt vorzubereiten, was nicht zuletzt auf den Zuspruch einiger Mitglieder des Vereins zurückzuführen war, welche sich ebenfalls für den Tatzelwurm als den Kandidaten einer Untersuchung interessierten. So kam es, dass wir für die Mitte des Jahres 2006 die Tour planten, wobei der Termin durch die Ferienzeiten in Deutschland mitbestimmt wurde, was einigen teilnehmenden Mitgliedern entgegen kam.

Nachdem der Termin nach einigen Vorplanungen endlich festgelegt war, boten wir interessierten Personen die Teilnahme an dieser Forschungsreise an, um auch diesen die Gelegenheit zu geben, sich an diesem Projekt zu beteiligen. Womit wir nicht gerechnet hatten war jedoch ein wahrer Ansturm an Anmeldungen, was wohl auch am Interesse der Medien lag, wobei hier besonders die Webseite der Paranews und Freenet zu nennen wären, welche die Ankündigung der Forschungsreise innerhalb kürzester Zeit verbreiteten. Weitere Webseiten und auch einige kleinere Zeitungen und Magazine übernahmen ebenfalls die Ankündigung. So geschah es, dass wir innerhalb weniger Tage einen Ansturm an Teilnehmern zu verzeichnen hatten. Um hier jedoch die Übersicht nicht zu verlieren, sahen wir uns gezwungen, die Teilnehmerzahl auf maximal 25 Personen zu beschränken, welche aufgrund der Anmeldereihenfolge, Zugehörigkeit zum Verein und Alter der Teilnehmer ausgewählt wurden. Hierbei wurde das Mindestalter auf 18 Jahre beschränkt und nach oben hin, je nach körperlicher Verfassung, offen gelassen. Wie sich während der Reise zeigen sollte, war die körperliche Verfassung ein wichtiger Punkt der Auswahlkriterien.

Während der Vorbereitungszeit suchte ich und einige weitere Personen eine Unmenge an Material über den alpinen Tatzelwurm zusammen, um die Reiseroute besser bestimmen zu können. Hierbei möchten wir besonders Frau Marion Steirer danken, welche uns bei der Vorbereitung sehr hilfreich war. Leider konnte Frau Steirer nicht persönlich an der Reise teilnehmen, da diese durch ihre Kinder verhindert war.

Durch die Fülle an Material und den kurzen Zeitrahmen der Tour, mussten etliche vielversprechende Ziele ausgelassen werden. Alleine in der Vorbereitungszeit und durch die öffentliche Verbreitung der Ankündigung, trafen zudem eine große Anzahl an eMails und Briefen ein, in denen es um Beschreibungen und Sichtungen des Tatzelwurmes ging. Alleine aus diesem Material ergibt sich eine Fülle an weiteren Forschungsansätzen auf dem Gebiet, auf welche wir in Zukunft zurückkommen werden, welche jedoch einfach zu viel für die geplante Forschungsreise waren.

So begann also dieses Projekt, welches für die Beteiligten am 24.07.2006 startete. Es waren 25 Teilnehmer angemeldet, wovon sich die erste Gruppe aus dem nördlichen Bereich gegen 6.00 Uhr am Morgen im Hauptbahnhof von Frankfurt am Main traf. Von dort aus ging es mit der Bahn nach München, wo wir die südliche Gruppe der Teilnehmer gegen 13.00 Uhr treffen sollten.

Während der Bahnfahrt von Frankfurt nach München kam es bereits zu einigen angeregten Diskussionen über den Tatzelwurm, so z.B. auch diverse Vermutungen über dessen Herkunft und natürlich über die Hintergründe. So war man in der Runde durchaus der Meinung, dass der Tatzelwurm ein reales Wesen sei, wobei die allgemeine Meinung dazu hinging, dass dieser jedoch mittlerweile ausgestorben sei, was am Tourismus in den Alpen liegen würde. Offensichtlich haben sich etliche Teilnehmer vorab mit meinen Veröffentlichungen zum Tatzelwurm vertraut gemacht, wo diese These angeschnitten wird.

In München angekommen, nahmen wir am Bahnhof ein Mittagessen ein und warteten auf die Zusammenkunft der letzten Teilnehmer. Hier stellte sich dann heraus, dass von den 25 Teilnehmern nur 22 auch anwesend waren. Wo hatten wir 3 Teilnehmer verloren oder vergessen? Offensichtlich waren diese 3 nicht zu den angekündigten Treffpunkten erschienen. Da unser Zeitplan mit den Anschlussverbindungen vorgegeben war, mussten wir ohne diese 3 Teilnehmer unsere Reise fortsetzen. Von München aus führte uns die Reise nach Garmisch-Partenkirchen, unserem Ausgangspunkt am Fuße der Alpen.

Es war nun bereits später Nachmittag, als wir unseren Weg in Garmisch-Partenkirchen aufnahmen. Von hier aus ging es vorerst im zügigen Marschtempo in südöstlicher Richtung voran, immer den Bergen entgegen. Während dieser Wanderung hatten wir die Gelegenheit einen ersten Eindruck der Landschaft zu gewinnen. Vor uns lagen wunderschöne Bergwälder an den Hängen und große Ebenen aus nicht mehr ganz so grünem, aber dennoch wunderbar anzuschauendem, Gras, welches in der prallen Sonne dieser Tage eine leicht bräunlich-grüne Färbung angenommen hatte. Dazu im Hintergrund das Panorama der majestätischen Berge, allen voran die Zugspitze, welche sich in westlicher Richtung am Horizont abhob.

Die Hitze machte nicht nur dem Gras zu schaffen, auch den Teilnehmern wurde etliches abverlangt, vor allem im bergigen Gelände, da wir uns etwas abseits der Alpenstraße befanden. Dazu kam noch das Gepäck im Rucksack der Teilnehmer, welches im Schnitt etwa 20 Kilo wog. Hier zeigte sich, dass die Vorplanung mit der Auswahl nach körperlicher Verfassung eine gute Entscheidung war. Personen mit Kreislauf- oder Gelenkproblemen wären bei dieser Belastung wohl zusammengebrochen. Immerhin zeigte das Thermometer eine Temperatur von über 30°C an. Nach etwas mehr als 4 Stunden strammen Marsches suchten wir uns schließlich einen geeigneten Platz für unser Nachtlager und schlugen die Zelte auf. In der Abenddämmerung entfachten wir ein kleines Lagerfeuer und versammelten uns alle im Kreise darum, um über die verschiedensten Dinge zu reden, bis etwa gegen Mitternacht auch die letzten Teilnehmer in ihren Zelten verschwunden waren.

Der nächste Morgen bot für einige von uns eine große Überraschung, als wir ein wenig von unserem Lager entfernt mehrere kapitale Hirsche sahen, die sich von unserer Anwesenheit offensichtlich nicht belästigt fühlten. Ich und zwei weitere Teilnehmer pirschten uns vorsichtig näher heran, um ein paar Aufnahmen dieser majestätischen Tiere zu erhalten.

Nachdem das Nachtlager abgeschlagen war, setzten wir unseren Weg fort, um am Vormittag die Gemeinde Mittenwald zu erreichen. Eine gute Gelegenheit um die Vorräte für die kommenden 3 Tage zu ergänzen und sich im Rathaus und bei öffentlichen Stellen ein wenig umzuhören. Unterwegs trafen wir auf einen alten Bauern auf seinem Feld, welcher uns eine schöne Geschichte erzählte, wie er als junger Mann in den 1960er Jahren oben im Wettersteingebirge einen großen Tatzelwurm sah. Er beschrieb den Tatzelwurm als etwa 60 cm lange Eidechse, welche in dunkler Farbe in der Sonne schimmerte. Weiterhin gab er uns den Hinweis, wir sollen den Bergbächen folgen, da man wahrscheinlich die besten Chancen hätte, dort einen Tatzelwurm zu sehen, wenn er sich auf den Steinen entlang der Bäche zum Sonnenbad niederlässt.

Bei einigen anderen Personen löste unser Ansinnen nach dem Tatzelwurm eine gewisse Belustigung aus, dennoch konnte man uns weiterhelfen und uns letztendlich einige Stellen im nahegelegenen Leutaschtal nennen, wo man von Tatzelwurmbegegnungen gehört hatte. Ein sich wohl besonders lustig vorkommender Bäcker wollte uns übrigens noch verraten, wie man am besten einen Wolpertinger fängt, was wiederum zur allgemeinen Belustigung innerhalb unserer Reisegruppe führte. Dafür machte er aber auch mit uns ein gutes Geschäft, als wir im Laden so einiges an Vorräten mitnahmen.

So machten wir uns am frühen Nachmittag auf den weiteren Weg, um schließlich die Grenze nach Österreich zu passieren und in das Leutaschtal zu gelangen. Unterwegs unterhielten wir uns noch mit mehreren Anwohnern, welche zumeist Bauern bei der Arbeit waren, und man konnte uns tatsächlich noch einige Geschichten über Tatzelwürmer erzählen. Wenn man den Geschichten näheren glauben schenken will, so muss es ehemals eine wirklich große Population an Tatzelwürmern gegeben haben, wenn denn alle Erzählungen auf wahren Begebenheiten beruhen. Interessant fanden wir vor allem, das gerade viele ältere Menschen etliches zum Tatzelwurm zu erzählen hatten, während die jüngere Generation kaum noch etwas über diesen wusste.

Während unseres Weges hielten wir ständig Ausschau nach Plätzen, welche für das Versteck einer großen Eidechsenart als geeignet erschienen, denn letztendlich wird der Tatzelwurm zumeist als Eidechse beschreiben, welche nur zwei ausgebildete Vorderbeine und keine, bzw. nur rudimentäre Hinterbeine besitzt.

Die Landschaft ist geprägt von lichten bis teilweise dichten Waldstücken und großen freien Flächen mit teilweise recht üppiger Vegetation. Etwas weiter oben findet man dann auch große felsige Abschnitte mit wenig Pflanzenbewuchs. Nun stellte sich die Frage, was würde ein Tatzelwurm bevorzugen? Normale Eidechsen konnten wir in allen Bereichen finden, wobei wir unsere Suche auf alle möglichen Landschaftsformen ausrichteten. Nach Angaben einiger Personen soll man an Bergbächen und an Waldrändern besonders aufpassen, da dies offensichtlich die bevorzugten Gebiete sind, wo sich ein Tatzelwurm aufzuhalten pflegt.

Am Abend schlugen wir wieder unser Zeltlager auf, um den nächsten Tag in neuer Frische anzugehen. Und dieser Tag sollte eine ziemliche Anstrengung werden. Am Morgen teilten wir nach der Karte die Bereiche ein, welche wir ansteuern wollten, um dort einen intensiveren Blick schweifen zu lassen. Dies erwies sich allerdings bei so manchem Streckenabschnitt als mühsame Kletterei, welche enorm an den Kräften zehrte. Die strahlende Sonne tat ihr übriges dazu. Letztendlich konnten wir an diesem Tag ein paar wunderbare Landschaftsimpressionen genießen und auch einige Tiere beobachten, aber wie erwartet fanden wir vom gesuchten Tatzelwurm keine Spur, auch wenn einige Teilnehmer darauf gehofft hatten. Erst in der Abenddämmerung begaben wir uns schließlich zu unserem Lager zurück.

Der kommende Tag führte uns quer über die Hügel in Richtung der Gemeinde Telfs. Auch diesmal suchten wir während des Weges nach geeigneten Plätzen und Spuren. Unterwegs fanden wir auch wieder einige Personen, welche uns Geschichten und Erlebnisse zum Tatzelwurm erzählen konnten. Am Nachmittag erreichten wir Telfs. Von dort führte uns unser Weg in Richtung Seefeld, wobei wir die Wegerichtung durch die Höhenzüge wählten, um möglichst weitab der Siedlungen ruhige Naturlandschaften für unsere Beobachtungen während der Wanderung vorzufinden. Am Abend schlugen wir unser Lager dicht am Waldrand auf und verzichteten wegen der Trockenheit auf ein Lagerfeuer. Dennoch saßen wir alle beisammen und diskutierten über die verschiedenen Aspekte und Geschichten, welche wir in den vergangenen Tagen zusammentragen konnten.

Während der Nacht ertönte plötzlich ein Schrei durch die Dunkelheit, welcher wohl alle Teilnehmer aus dem Schlaf gerissen hatte, denn immerhin war es 2.40 Uhr mitten in der Nacht. Der Schrei stammte von einer der Teilnehmerinnen, welche zum Austreten das Zelt verlassen hatte und etwas abseits des Lagers ihre Notdurft verrichten wollte. Sofort stürmte ich und weitere Personen in die Richtung, aus welcher der Schrei kam. Die junge Frau stand kerzengerade da und wollte sich nicht rühren. Auf die Frage, was passiert sei, sagte sie, dass dort vorne ein großes Etwas im Unterholz verschwunden sei. Laut ihrer Aussage war es weder ein Wildschwein, ein Fuchs oder gar ein Hund, sondern etwas langes, was sich blitzschnell über den Boden bewegt habe. Umgehend wurde eine Suche mit Taschenlampen im Umkreis von der Begegnung durchgeführt, ohne jedoch die geringste Spur zu finden. An einen weiteren Schlaf war in dieser Nacht nicht mehr zu denken, da die Suchaktion bis weit nach dem Morgengrauen andauerte.

Nach dem ausgiebigen Frühstück mit angeregter Diskussion, um was es sich bei dem Erlebnis der letzten Nacht gehandelt haben könnte, wurde das Lager abgeschlagen und wir setzten unseren Weg nach Seefeld fort.

In Seefeld genehmigten sich alle Teilnehmer ein ausgiebiges Mittagessen in einer Gaststätte, hatten doch die Strapazen der letzten Tage ihre Spuren an allen Teilnehmern hinterlassen. Nach der vorzüglichen Mahlzeit, es war bereits 14.00 Uhr, besorgten wir noch ein wenig Ersatz an Verpflegung und setzen unseren Weg in Richtung der 2334 Meter hohen Hafelekarspitze fort. Natürlich war unser Ziel nicht die Besteigung des Berges, sondern die Höhenrücken und Talsohlen um den Berg herum. Also ging es im strammen Marsch weiter, immer in Richtung des Berges, welcher unsere angepeilte Landmarke war. Auch diesmal trafen wir wieder auf einige Personen, welche uns etwas über den Tatzelwurm erzählen konnten. Natürlich fragt man nicht jede Person, welche zufällig über den Weg läuft, sondern hält sich an Personen, welche sich ausruhen oder bei einer Tätigkeit sind, um diese in ein Gespräch zu verwickeln. Als ein schwieriger Faktor hat sich hierbei der Dialekt heraus gestellt, welcher ab und zu zu einem kleinen Verständigungsproblem führte.

Das nächste Nachtlager errichteten wir in einer Art Schlucht, nicht sehr weit von einem rauschenden Bergbach entfernt. Das kühle Wasser sorgte an diesem Abend für eine angenehme Abkühlung. Wir hatten noch einen Tag vor uns, welcher uns dann nach Innsbruck führen sollte, von wo wir am frühen Sonntagmorgen unsere Rückreise mit der Bahn antreten sollten. Nachdem jedoch erst einmal der Samstag angebrochen war, bauten wir das Zeltlager wieder ab und zogen langsam in Richtung Innsbruck, dabei immer noch auf der Suche nach Plätzen, von wo aus wir nach dem Tatzelwurm Ausschau halten konnten. Die Strecke nach Innsbruck legten wir gut zurück, so dass wir unser letztes Zeltlager ein Stück weit vor der Stadt aufbauen konnten.

An diesem Abend saßen wir alle noch einmal beim Lagerfeuer bis weit nach Mitternacht zusammen und ließen die Erlebnisse der letzten Tage noch einmal Revue passieren. Dabei kamen Fragen auf, was man z.B. hätte besser machen können, um noch mehr greifbarere Ergebnisse hätte liefern zu können. Zudem fanden es einige der Mitglieder sehr bedauerlich, keinen Tatzelwurm zu sehen bekommen zu haben. Dennoch würden sich alle an weiteren Exkursionen dieser Art beteiligen.

Der Sonntagmorgen begann um 4.30 Uhr mit dem allgemeinen Wecken sehr frühzeitig. Anschließend wurde zum letzten Male das gesamte Lager abgebaut, die Sachen verstaut und alles für den letzten Marsch zusammen gepackt. Es waren nur noch wenige Kilometer bis zum Bahnhof in Innsbruck, wo wir gegen 7.00 Uhr schließlich eintrafen. Mit dem ersten möglichen Zug ging es dann nach München, wo wir uns von der südlichen Gruppe trennten. Der Rest fuhr weiter nach Norden, wo wir uns schließlich in Frankfurt am Main verabschiedeten. Kleinere Gruppen setzten dann noch ein Stück weiter ihren Weg gemeinsam fort.

Als Fazit aus dieser Forschungsreise kann man ziehen, dass diese zwar weder einen Beweis für oder gegen die Existenz des Tatzelwurmes erbringen konnte, was auch nicht das gesetzte Ziel war, noch einen Tatzelwurm fangen oder sichten konnte, was ebenfalls nicht vorgesehen war. Allerdings ist diese Reise dennoch als Erfolg anzusehen, konnten wir doch eine Menge an lokalen Daten über den Tatzelwurm sammeln. Faktisch war diese sogar so erfolgreich, dass wir in Zukunft verstärkt in dieser Richtung arbeiten werden.

Geheimnisvolle Bewohner der Tiefe

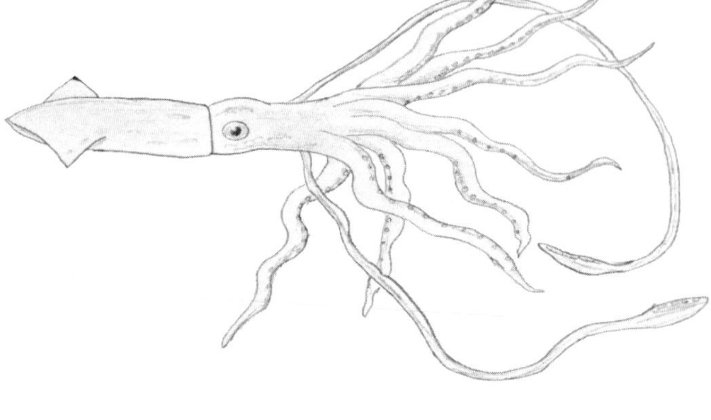

In den Tiefen unserer Meere leben unzählige und seltsame Bewohner, welche dem Menschen absolut seltsam und merkwürdig erscheinen. Seien es nun Fische mit langen und messerscharfen Zähnen, wie etwa der Vipernfisch *(Chauliodus sloani)* oder Fische mit Leuchtpunkten und leuchtenden Angelorganen, wie z.B. dem Tiefseeangler *(Lasiognathus saccostoma)*. Die meisten Bewohner der Meerestiefen mögen recht klein erscheinen, aber auf der anderen Seite existieren wahre Giganten, welche in der Tiefe leben. Nur die wenigstens davon bekam jemals ein Mensch vor seine Augen. Selbst der mächtige Riesenkalmar *(Architeuthis dux)* ist uns bislang nur durch Kadaverfunde bekannt und erst vor kurzem konnten sensationelle Aufnahmen eines lebenden Exemplares gemacht werden. Auf den folgenden Seiten möchte ich Ihnen einige dieser geheimnisvollen Bewohner der Meerestiefen näherbringen.

Gibt es Meeresungeheuer?

Das Meer birgt viele Geheimnisse, einige ranken sich um mächtige Ungeheuer aus den Tiefen der Ozeane. Seit Jahrhunderten wird immer wieder über die Kreaturen der Tiefe berichtet und so mancher Augenzeugenbericht liest sich wie ein guter Horrorroman. Auch wenn viele Berichte als extrem verzerrt und übertrieben angesehen werden müssen, so steckt doch in vielen Fällen mehr dahinter als sich mancher skeptische Mensch zu träumen wagt.

Bernard Heuvelmans, der *"Vater der Kryptozoologie"*, hat bedeutsame Sichtungen von Meereswesen zusammengetragen, miteinander verglichen, klassifiziert - und sodann spekuliert, dass es gleich mehrere Arten von mysteriösen Meerstieren geben müsse. Diese Meereswesen unterteilte er ganz nach den Beschreibungskriterien in *Langhälse*, das *Meerpferd*, den *Vielhöcker*, *Vielflosser*, den *Superotter*, *Superaale* und *Meeressaurier*.

Sollten wirklich so viele verschiedene Wesen in unseren Ozeanen hausen und der Wissenschaft bis jetzt verborgen geblieben sein? Augenzeugenberichte gibt es viele, doch wissenschaftliche Beweise nicht.

Könnten diese Tiere nicht Verwandte der Meeressaurier sein, welche durch einen Zufall der totalen Vernichtung entkamen und sich für ein Leben in den Ozeanen entwickelten? Diese Möglichkeit könnte zumindest bei einigen der gemeldeten Sichtungen solcher Meeresungeheuer zutreffen, denn der Quastenflosser, welcher vor spätestens 65 Millionen Jahren ausgestorben sein sollte, ist bei den Komoren im indischen Ozean und weiteren Orten wiederentdeckt worden. In den Tiefen des Ozeans zu leben schien damals die einzige Möglichkeit für das Überleben darzustellen – zumindest für alle größeren Lebewesen. Und in den Millionen von Jahren trennten sich diese Geschöpfe und teilten sich damit ebenfalls in verschiedene Arten auf.

Einige Zoologen sind hartnäckige Gegner der Möglichkeit, dass diese Lebewesen, wie z.B. der Plesiosaurus, noch Millionen von Jahren nach seinem angenommenen Aussterben existieren könnten. Trotz etlicher Augenzeugen wird bereits der Gedanke an solche Wesen als Hirngespinst dargestellt. Die

Fotos, meist sehr unscharf aufgenommen, sind laut Expertenmeinungen fast alles Fälschungen und manche von ihnen undefinierbar. Doch nicht jedes Foto oder jede Beobachtung kann als Fälschung oder Einbildung dargestellt werden. Bis jetzt wurden noch keine Kadaver von diesen Wesen gefunden, welche eindeutig identifiziert werden konnten. Doch wer behauptet, es gebe diese Tiere nicht, es könne niemals solche Wesen geben, der muss sich eines besseren belehren lassen. Ist es nicht so, dass Riesenkalmare, von denen Seeleute seit Jahrhunderten sprachen, auch als Einbildung und Seemannsgarn abgestempelt wurden? Heute jedoch weiß man sehr wohl von der Existenz dieser Kraken. Es können durchaus noch seltsame Wesen, welche wir für Ungeheuer halten würden, in den Weiten und Tiefen der Weltmeere existieren.

Nehmen wir das Beispiel zweier englischer Soldaten, Captain *John Ridgway* und Sergant *Chay Blyth,* welche im Jahre 1966 den Atlantik in einem Ruderboot überquerten. Darüber schrieben sie einen ausführlichen Bericht in ihrem Buch *"A Fighting Chance". Ridgway* ruderte in einer ruhigen Nacht, eingeschläfert von der unendlichen Eintönigkeit: *"Ich wurde durch ein pfeifendes Geräusch von Steuerbord her plötzlich wach. Als ich auf das Wasser blickte, sah ich die Gestalt eines sich windenden und drehenden großen Lebewesens. Es war durch das Leuchten des Meeres so gut auszumachen, als würde eine Neonröhre dranhängen. Es war ungeheuer groß, etwa 10 Meter oder noch länger, und bewegte sich sehr schnell auf mich zu. Ich habe es etwa zehn Sekunden lang gesehen, dann verschwand es rechts unter mir. Ich hörte auf zu rudern und war vor Schreck wie erstarrt. Ich musste mich selbst zwingen, meinen Kopf zu drehen und nach hinten zu schauen. Ich sah nichts, aber nach kurzer Zeit hörte ich ein lautes, plätscherndes Geräusch... Ich glaubte nicht an Phantasiegespinste und suchte deshalb nach einer logischen Erklärung. Chay und ich hatten schon Walfische, Haie, Delfine und Tümmler gesehen, auch fliegende Fische - alle Arten von Wassertieren, aber dieses Ungeheuer ähnelt keinem dieser Tiere. Widerwillig musste ich zu der Ansicht kommen, dass es nur eine Seeschlange gewesen sein konnte."*

Dieser Bericht ist einer jener typischen Sichtungsberichte, welcher von der Sichtung einer Seeschlange sprechen. Ein großer Kriterienpunkt bei der Bewertung solcher Sichtungsberichte ist jedoch immer jener, wie glaubwürdig der Augenzeuge ist. In diesem speziellen Fall kann man von einer wirklich sehr ernstzunehmenden Beschreibung zweier verdienter Offiziere der britischen Krone ausgehen, welche zudem kein großes Interesse an der Veröffentlichung dieser Geschichte zeigten und diese nur nebenbei in ihrem Abenteuerbericht erwähnten.

Heuvelmans Liste

Anfang der sechziger Jahre des 20. Jahrhunderts sammelte der belgische Zoologe *Bernard Heuvelmans* eine Anzahl von Berichten über Sichtungen von Monstern aus der Zeit von 1639 bis zum Jahr 1964, welche im Meer leben sollen. Nachdem er alle Fälle eingehend studiert und sondiert hatte, blieb eine Anzahl von 358 Berichten übrig, bei denen es keinen Zweifel an deren Richtigkeit gab. Heuvelmans sortierte die Berichte nach verschiedenen Aussagen und Kriterien und stellte diese Daten in einem Lochkartensystem zusammen. Hiervon fertigte er eine Analyse sämtlicher Daten an und konnte somit sieben verschiedene Arten von „Seeungeheuern" spezifizieren. Eine komplette Zusammenfassung dieser Auswertungen findet man in seinem Buch *„In the Wake of the Sea-Serpents“*. An dieser Stelle möchte ich nur einmal kurz die sieben Haupttypen vorstellen.

Langhals
(48 mal beobachtet)
Größe: 5 bis 15 Meter und mehr.

Vorkommen: In vielen Teilen der Erde, auch in sehr tiefen Seen.

Verhalten: Nur im Wasser lebende Seeschlange, auf dem Land unbeholfen wie ein Seelöwe.

Außergewöhnliche Geschwindigkeit im Wasser, 15 bis 35 Knoten/Stunde und mehr.

Meerpferd
(37 mal beobachtet)
Größe: 10 bis 30 m oder mehr.

Vorkommen: Fast überall, außer in Polarmeeren und im indischen Ozean.

Verhalten: Säugetier, das in etwa 30 m Tiefe lebt, schnell genug um Tintenfische zu fangen und zu verspeisen.

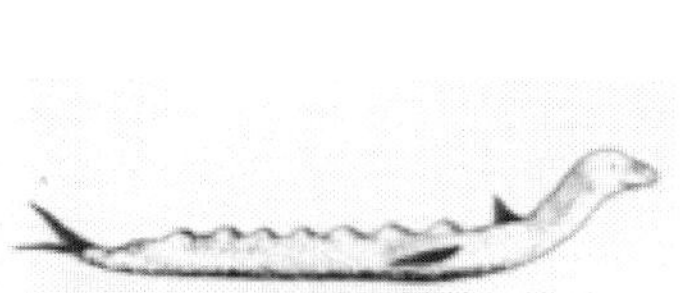

Vielhöcker
(33 mal beobachtet)
Größe: 20 bis 35 m

Vorkommen: Fast ausschließlich in den warmen Gewässern des Nordatlantischen Golfstroms.

Verhalten: Bewegt sich wie eine Raupe - sehr schnell, 20 bis 40 Knoten/Stunde. Die Höcker sind vermutlich luftgefüllte Säcke, die ein längeres Abtauchen ermöglichen.

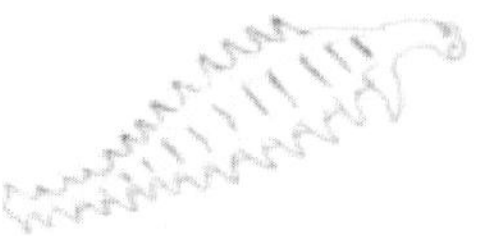

Vielflosser
(20 mal beobachtet)
Größe: 10 bis 20 m, manchmal länger

Verhalten: Bewegt sich in senkrechten Wellenbewegungen mit einer Geschwindigkeit von bis zu 10 Knoten/Stunde.

Superotter
(13 mal beobachtet)
Größe: 20 bis 30 m

Vorkommen: Nahe an der Oberfläche in den nördlichen Meeren.

Verhalten: Bewegt sich in Wellenbewegungen, angetrieben von Schwimmflossen mit Zehen.

Superaal
(12 mal beobachtet)
Größe: 10 bis 30 m

Vorkommen: Weitverbreitet in tiefen, kalten Gewässern.

Verhalten: Es wurde beobachtet, dass er Pottwale angriff.

Meeressaurier
(4 mal beobachtet)
Größe: bis zu 20 m

Vorkommen: Lebt ausschließlich in tropischen Meeren.

Verhalten: Bewegt sich waagerecht mit beträchtlichen Geschwindigkeiten.

Das Meerpferd

An dieser Stelle möchte ich auf eines dieser Wesen eingehen, welches mir neben dem *„Langhals“* besonders interessant erscheint. *Heuvelmans* beschrieb hierbei eine unbekannte Form von Meeressäugern, welche er bezugnehmend auf die Beschreibung der Kopfform, welche an ein Pferd oder Kamel erinnerte, mit dem lateinischen Namen *Halshippus olai-magni* benannte. Der deutsche Name bedeutet *"Das Meerespferd von Olaüs Magnus",* zu ehren eines norwegischen Prälats des 16. Jahrhunderts, welcher wohl als erster über dieses merkwürdige Seeungeheuer berichtete. Der Name "Meerpferd" soll nicht besagen, dass dieses Wesen mit den huftragenden Pferden auf dem Festland verwandt ist, sondern bezieht sich tatsächlich nur auf das Aussehen des Kopfes mit einer Mähne, ähnlich einem Pferd. *Heuvelmans* konnte das „Meerpferd" in 37 direkten Fällen aufgrund der alten Berichte identifizieren.

Aus den verschiedenen Sichtungsberichten kann man auf folgende Hinweise über die Lebensweise und das Aussehen dieses Tieres schließen: Die durchschnittliche Größe dürfte zwischen 10 und 16 Metern liegen, die maximale Länge dürfte etwa 20 Meter betragen. Der Körper des Meerpferdes ist wahrscheinlich langgestreckt mit relativ kurzem Hals, ähnlich dem Fischotter *(Lútra lútra).* Am Hals befindet sich eine rötliche Mähne, was ebenfalls an ein Pferd erinnert. Ebenso befinden sich unterhalb und seitlich des Mauls eine ganze Reihe von buschigen Schnurrhaaren. Die Augen dieses Wesens sind stark auffallend, groß, rund und leicht flimmernd, was an ein Leben in der Zwielichtzone des Meeres hindeutet. Die Augen von Kalmaren weisen eine parallele Erscheinung auf. Demnach kann vermutet werden, dass sich das Meerpferd tagsüber meist in einer Zone zwischen 100 und 300 Metern Wassertiefe aufhält und erst nach Einbruch der Dunkelheit zur Jagd an die Wasseroberfläche aufsteigt, wo es vermutlich Kalmare und Fische jagt. Die dunkle und gleichmäßige Hautfarbe deutet ebenfalls auf ein pelagisches Leben in relativ tiefen Seebereichen hin. Die meisten Sichtungen des Meerpferdes fanden in kalttemperierten Gebieten des Nordatlantiks *(England, Norwegen, Massachussets* und *Neufundland)* und des Nordpazifiks *(British Columbia, Alaska)* statt, aber auch im Südpazifik um Australien und den Fidschi-Inseln kam es zu Sichtungen dieses Wesens. *Jill Emmet* untersuchte aufbauend auf diese Daten Anfang der neunziger Jahre des 20. Jahrhunderts nochmals verschiedene Berichte von Begegnungen mit Seeungeheuern und konnte somit mehr als 70 Sichtungen des Meerpferdes nachweisen.

In einigen Sichtungsberichten wird der Schwanz dieses Tieres von Augenzeugen als waagerechte Flosse wie bei einem Wal beschrieben, mit einem zackigen äußeren Rand. Dies deutet darauf hin, dass bei diesem Wesen die Hinterfüße zu einer Flosse zusammenwuchsen, was einen Antrieb durch starke Auf- und Abbewegungen ermöglicht, ähnlich einem Wal oder Delfin. Die Vorderflossen wurden niemals richtig erblickt und waren immer unter der Wasseroberfläche verborgen, was darauf hindeutet, dass diese Flossen nur als Steuer oder Ruder dienen und nicht direkt zur Fortbewegung genutzt werden, wie es bei Walen gemeinhin der Fall ist. *Bernard Heuvelmans* schloss aus diesen Beschreibungen, dass dieses Tier mit den Seerobbenartigen *(Pinnipedia)* in Verbindung stehen könnte. Allerdings wäre es durchaus denkbar, dass das Meerpferd ein direkter Nachfahre der Urwale *(Archaeoceten)* sein könnte, welcher sich neben den Zahn- und Bartenwalen entwickelt hat. Demnach wäre eine Verwandtschaft mit dem *Basilosaurus* (Zeugloden) möglich, eine direkte Verbindung zu jenen Wesen, welche den Schritt von Land zurück ins Meer vollführten.

Leider ist bis heute kein erhaltener Kadaver eines solchen Wesens gefunden worden, welcher der Wissenschaft neben den Zeugenberichten einen eindeutigen und festen Beweis für die Existenz geben könnte. Aber das Meer gibt nur selten Geheimnisse preis, indem es Kadaver oder verendende Tiere an den Strand spült, wenn diese weit draußen auf See verstarben. Es gab aber bereits Berichte, in denen solch gewaltige Tiere in Fischernetze kamen, sich jedoch wieder befreien konnten. Mit etwas Glück wird man vielleicht eines Tages ein solches Wesen filmen oder sogar ein Jungtier fangen können. Damit wäre dann ein unwiderlegbarer Beweis für das Meerpferd vorhanden.

Auf der anderen Seite ist es aber auch gerade die Beschreibung des Kopfes, welche eine Verbindung zu einem anderen Giganten der Tiefe hindeutet, welcher zwar bekannt ist, aber oftmals für eine gewaltige Seeschlange gehalten wird. Die Rede ist vom Riemenfisch (*Regalecus glesne*), von welchem man annimmt, dass dieser Längen von bis zu 10 m erreichen kann. Zudem besitzt dieser eine Mähne, welche ebenfalls auf das mysteriöse Meerpferd passen könnte.

Der seltsame Fang der „Zuiyo Maru“

Der 10. April des Jahres 1977 schien ein ganz gewöhnlicher Arbeitstag für die Fischer an Bord des japanischen Fischtrawlers „Zuiyo Maru" zu werden. Vor Stunden ließ man das Netz vor der neuseeländischen Küste, nahe der Stadt Christchurch, in eine Tiefe von etwa 300 Metern sinken und zog dieses in langsamer Fahrt hinter dem Schiff her. Absolut Nichts deutete auf etwas ungewöhnliches hin. Erst als man das gefüllte Netz wieder an Bord einholte, fand man in den Maschen etwas, was selbst die erfahrenen Fischer noch niemals zuvor sahen. Im Netz befand sich ein gewaltiger, schon in starke Verwesung übergegangener Kadaver eines langhalsigen Wesens. Ein bestialischer Gestank ging von diesem Kadaver aus und eine schmierige Brühe lief über das Deck des Fischtrawlers. Vorsichtig entfernte man das Netz um den Kadaver herum und hob diesen anschließend mit einem Kran in die Höhe. Dieser Kadaver wurde bei einer Messung mit einer Körperlänge von etwas mehr als 10 m Länge vermessen. An seinen Seiten befanden sich 4 große paddelförmige

Flossen. An einem langen Hals schien sich der Rest eines relativ kleinen Kopfes zu befinden. Die Seemänner an Bord hielten diesen Kadaver für die Überreste eines großen Reptils oder die eines Dinosauriers. Eine genaue Identifizierung schien aber wegen der starken Verwesung nicht ganz einfach zu sein. Der Kapitän ließ dieses Wesen mehrmals fotografieren. Der leitende Angestellte, Michihiko Yano, des Fischereiunternehmens fertigte zudem einige ausgiebige Skizzen des Tieres an. Als nach einiger Zeit der Gestank des Kadavers unerträglich wurde und die austretende tranige Flüssigkeit den gefangenen Fisch an Bord zu gefährden drohte, ließ der Kapitän den Kadaver wieder über Bord werfen.

Als nach einigen Tagen die japanischen Paläontologen von diesem Fund und dem anschließenden leichtsinnigen Umgang mit dem Kadaver sowie dessen Verlust erfuhren, ging ein entsetzter Aufschrei durch die Reihen der Wissenschaftler. So blieben den Wissenschaftlern nichts weiter als ein paar Skizzen, Fotos und die Augenzeugenberichte des Vorfalls. Daneben hatte man eine kleine Gewebeprobe von einer der Flossen entnommen. Während der Untersuchung kam der Wissenschaftler Professor Yoshinori Imaizumi vom japanischen Nationalmuseum zu dem Schluss, dass es sich bei diesem Kadaver eindeutig nicht um die Überreste eines Fisches, Wales oder irgend eines anderen bekannten Tieres handeln konnte. Seiner Überzeugung nach handelte es sich um ein Reptil, wahrscheinlich um die Reste eines Plesiosauriers. Er folgerte daraus, dass es demzufolge mehrere Exemplare dieser Spezies in den Tiefen des Pazifiks geben musste, denn ein einzelnes Tier konnte unter keinen Umständen dermaßen lange überleben.

Eine spätere Untersuchung deklarierte diesen ungewöhnlichen Fang ohne gründliche Studien der Aussagen als die Überreste eines verwesten Riesenhais. Doch weitere Auswertungen der Fotos erbrachten auch für diese Theorie keine klare Antwort, sondern warfen gerade in Bezug auf die Haitheorie weitere Fragen auf. Als man das Bildmaterial in neuerer Zeit nochmals auswertete und die Bilder untersuchte, kam man zu dem Schluss, dass dieses Wesen auf den Fotos ein knochiges Rückgrat sowie Rippen besaß. Ein Hai hingegen ist ein Knorpelfisch und besitzt in seinem Körper keine Knochen, wie z.B. ein Wal.

Eine spätere Auswertung der Gewebeprobe indes schien die These eines Riesenhais zu bestätigen, da man bestimmte Aminosäureverbindungen vorfand, welche jenen von Riesenhaien durchaus ähnlich sind. Handelte es sich bei diesem Kadaver also um einen sogenannten *Pseudo-Plesiosaurier?*

Als man Ende der 1990er Jahre schließlich eine DNA-Analyse der Gewebeprobe durchführte, konnte man jedoch ebenfalls kein Endergebnis dieser Geschichte liefern. Das Ergebnis war zu ungenau, um exakt sagen zu können, um welche Spezies es sich letztendlich hier handelte. Riesenhaie standen zwar ebenfalls auf der Kandidatenliste der Ergebnisse, dennoch waren genetische Unterschiede vorhanden, welche mit höherer Wahrscheinlichkeit anderen Arten zugeschrieben werden können. So finden sich auf dieser Liste eine ganze Reihe von Tiefseefischen und jede Menge kleinerer Haiarten. Ob dies nun Verunreinigungen der Probe waren, welche ehemals unter unhygienischen Umständen und der Vermengung mit dem regulären Fang im Fischernetz vorgenommen wurden, oder ob, wie von vielen Skeptikern angeführt, schlicht die Probe vertauscht wurde, kann nicht genau nachvollzogen werden, da der betreffende Kadaver verloren ist.

Da der Kadaver leider durch den leichtsinnigen Kapitän nach seinem Fund wieder verlorenging, ist eine endgültige Antwort nicht mehr möglich. Unter Umständen wäre dies der fehlende Beweis für den von Bernard Heuvelmans katalogisierten *„Langhals"* gewesen, ein Lebewesen, welches relativ häufig beschrieben wurde. Ob man den seltsamen Fang der Zuiyo Maru jemals genau identifizieren kann bleibt bis jetzt fraglich, es sei denn, man findet einen zweiten Kadaver unter den selben Bedingungen wie den Originalfund.

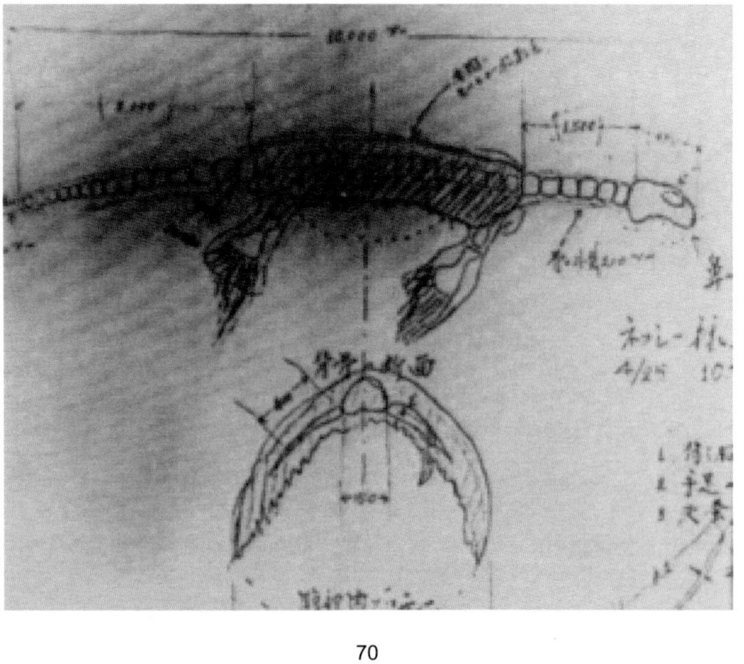

Pseudoplesiosaurier

Seit jeher berichtet der Mensch über seltsame Lebewesen, welche in Seen und in den Meeren vorkommen. Besonders das Meer scheint einige wirklich seltsame Kreaturen zu beherbergen, welche wie urzeitliche wasserbewohnende Dinosaurier aussehen, wie etwa Plesio- und Masosaurier. Genährt werden diese Vermutungen, es könne sich also um überlebende Plesiosaurier handeln, von einigen aufgefundenen Kadavern, welche tatsächlich eine ähnliche Form wie Plesiosaurier vorzuweisen scheinen. Nun kommt aber jener Punkt, an welchem man den Einwand einbringen muss, dass die letzten Arten dieser seltsamen Wasserbewohner mit den übrigen Dinosauriern vor etwa 65 Millionen Jahren von der Erdoberfläche verschwanden. Man kann also davon ausgehen, dass diese Saurier seit Jahrmillionen ausgestorben sind. Oder etwa doch nicht?

Immerhin fand man im Meer bereits den Quastenflosser, welcher ebenfalls seit Jahrmillionen als ausgestorben galt. Jedoch sollte man hier erwähnen, dass eben der Quastenflosser in tiefer gelegenen Regionen des Meeres lebt und vermutlich deswegen so lange Zeit überdauern konnte, selbst wenn sich die Welt an der Oberfläche grundlegend veränderte im Laufe der Zeit. Da jedoch alle wasserbewohnenden Saurier nahe der Wasserobefläche lebten, kann man mit an fast hundertprozentiger Sicherheit davon ausgehen, dass diese kaum bis in unsere heutige Zeit überlebt haben können.

Doch was ist mit all jenen Kadaverfunden, welche nun an einen Plesiosaurier erinnern, vor allem mit jenem seltsamen Fang des japanisches Fischereischiffes „Zuiyo Maru"? Waren dies nicht eindeutige Beweise für die Existenz überlebender Plesiosaurier? Ich persönlich vertrete den Standpunkt, dass es sich speziell bei diesem Fang zwar um einen unbekannten Meeresbewohner handeln könnte, aber mit Sicherheit nicht um einen überlebenden Plesiosaurier. Für diesen und älteren ähnlichen Funden von an Strände auf der ganzen Welt angeschwemmten seltsamen Kadavern mit ähnlicher Form, prägte man eine weitere Theorie, jene des „Pseudoplesiosauriers".

Diese Theorie geht davon aus, das eben dieser Anschein der Form eines Plesiosauriers durch den Verwesungsprozess eines bestimmten Hais entsteht, dem Riesenhai (*Cetorhinus maximus*), welcher eine Länge von bis zu 12 m erreichen kann. Was aber ist mit dem langen, dünnen Hals, der für einen Hai so untypisch ist? Der Riesenhai ernährt sich von Plankton, indem er mit weit offenem Maul gemächlich unter der Wasseroberfläche schwimmt und das Plankton durch den riesigen Kiemenapparat filtert. Daher ist der Unterkiefer und der Kiemenapparat nur schwach am Rest des Körpers befestigt und geht meist als erstes verloren, wenn das Tier stirbt und verwest. Übrig bleibt die Halswirbelsäule, was dem ganzen den Anschein eines langen Halses geben kann. Die folgende Skizze soll diesen Verwesungsprozess veranschaulichen, wie zumindest rein theoretisch aus einem Riesenhai (oben) der Eindruck eines Plesiosauriers entstehen kann (unten).

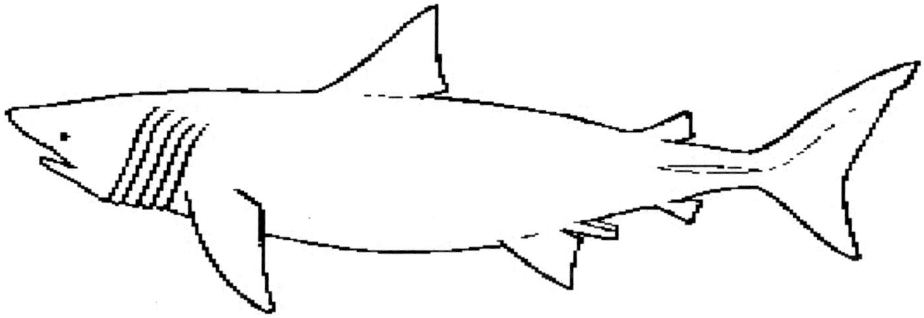

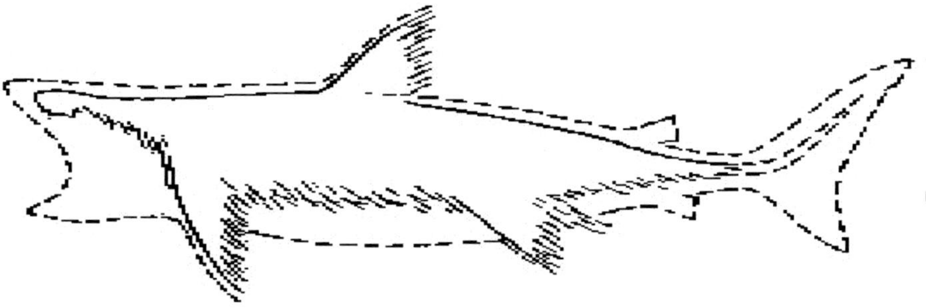

In der Theorie ist dieser Vorgang indes sehr leicht nachzuvollziehen, jedoch fehlen bislang stichfeste Beweise, welche die doch recht logische Theorie tatsächlich für alle Kadaverfunde belegen könnte. Hinzu kommt, dass ein Hai kein festes Knochenskelett besitzt, sondern sich das Skelett aus Knorpelmasse bildet, mit Ausnahme der Zähne, welches beim Verwesungsprozess ebenfalls zerfällt. Jedoch zeigt diese Theorie auf, dass durchaus andere Möglichkeiten zu überlebenden Dinosauriern bestehen.

Viele Biologen verweisen bei der Theorie der Pseudoplesiosaurier jedoch auf biochemische Eigenheiten. So fand man bei den meisten untersuchten Kadavern Aminosäuren, welche in ihrer Zusammensetzung jenen von Riesenhaien ähnlich sind, als auch Elastodin, ein Protein, welches fast nur in Hai- und Rochengewebe vorkommt. Was jedoch bei der Nennung dieser Theorie meist nicht genannt wird, ist jenes Detail, dass sich solche Proteine leicht zersetzen und alleine durch den längeren Aufenthalt eines Kadavers im Salzwasser aus längeren Proteinketten entstehen, bzw. auch durch andere Faktoren am und im Kadaver abgelagert werden können.

Letztendlich kann man davon ausgehen, dass kaum eine Plesiosaurierpopulation überlebt haben kann, ebenso wie es praktisch unmöglich ist, jeden in diese Form gehenden Kadaverfund als einen Pseudoplesiosaurier zu bezeichnen, welcher ebenfalls nichts weiter als eine logische Theorie darstellt. Genauso wahrscheinlich, wenn nicht sogar wahrscheinlicher, ist die Möglichkeit, dass es sich bei einiger dieser Funde und Unmengen an Sichtungen um bislang unbekannte Meeresbewohner handelt, welche wohl meist in der Tiefe vorkommen, also jenem Lebensraum, von dem wir selbst mit all unserer Technik kaum etwas wissen. Eine andere Möglichkeit, welche jedoch recht unwahrscheinlich ist, wäre eine evolutionäre Entwicklung eines Meeresbewohners hin zu einer vor Jahrmillionen entwickelten Form von Leben, ähnlich jenem der wahren Plesiosaurier. Doch auch hier gilt einer der wichtigsten Grundsätze der Kryptozoologie: Ohne stichhaltigen Beweis gibt es keine wissenschaftliche Anerkennung einer solchen Lebensform.

Seeschlangen – Mythos oder Realität?

See- oder Meeresschlangen gehören bekanntlich zu den giftigsten Schlangen dieser Welt, welche bevorzugt in Korallenriffen leben. Keine dieser Arten ist jedoch sonderlich groß und diese leben allesamt in oberflächennahen Bereichen des Meeres. Jedoch gibt es auch seit Jahrhunderten Mythen und Berichte von gewaltigen Seeschlangen, welche im Meer existieren sollen. Ist ein Funken Wahrheit an diesem Mythos oder sind alle Berichte über Begegnungen mit diesen furchteinflößenden Kreaturen reines Seemannsgarn?

Im Jahre 1852 zogen Seite an Seite zwei große Walfänger über die Meere. Nach ungefähr zwei Wochen erkannten sie in der Ferne einen Wal. Die Walfänger bereiteten sich auf die Jagd vor, als sie feststellen mussten, dass dieses Wesen größer war als ein Wal es je sein kann. Der Kapitän hatte keine Wahl mehr und gab den Befehl zum Angriff. Es gelang ihnen das riesige Seeungeheuer zu töten und der Kapitän hat diese Kreatur als riesige Schlange mit einer Länge von etwa 45 Metern beschrieben. Der gesamte Körper war zu schwer zum Transport, und so schnitten sie den Kopf des Tieres ab, welchen sie mit nach Hause mitbringen wollten. Nur ein Schiff ist aber zum Heimathafen zurückgekehrt, das zweite Schiff mit dem Kopf des Ungetüms ist jedoch nie wieder gesehen worden. Dieses Schiff ist spurlos verschwunden. Das war nur ein Beispiel von den unzähligen Seeschlangengeschichten die es auf der ganzen Welt gibt. Manche erzählen sogar von Seeschlangen, die bis zu 200 m lang sein sollen.

Man erzählt, das entlang der gesamten norwegischen Küste Seeschlangen hausen sollen, mit einer Länge von 60 m und einem Durchmesser von bis zu sechs Metern. Scharfe, dunkelbraune Schuppen bedecken diese Wesen. Am Nacken sollen halbmeterlange Haare herunterhängen und die Augen leuchten, wenn man diese Monster ansieht.

Am Morgen des 7. Dezember 1905, um 10.15 Uhr, erblickte der Zoologe Michael J. Nicoll, der sich auf einer Forschungsreise an Bord der Yacht *Valhalla* vor der Küste Brasiliens befand, eine große Rückenflosse. Dunkelbraun und am Rande irgendwie zerknittert. Sie schwamm etwa 100 m hinter der Yacht, der sichtbare Teil der Flosse war beinahe rechteckig, fast 2 m lang und ca. 60 cm hoch. Als sein Kollege E. Meade-Waldo durch sein Fernglas schaute, erhob sich der Kopf über zwei Meter aus dem Wasser, ein langer Hals kam zum Vorschein. Der Kopf glich dem einer Schildkröte. Die Begegnung dauerte nur wenige Minuten, später sagte Nicoll: *"Wahrscheinlich war diese Kreatur ein Beispiel für das, was oft als Seeschlange bezeichnet wird."* Er hielt dieses Wesen für eine Art von Meeressäuger, Waldo dagegen sah etwas ein reptilienartiges Wesen in dieser Seeschlange.

Der frühere US-Soldat Craig Thompson berichtete 1998 von einer Begegnung, die er während seiner Militärzeit in Vietnam hatte. Sein Trupp badete am späten Nachmittag im Meer an der Mündung des *Bong Son Rivers* und Thompson musste Wache halten. Plötzlich sah er etwas, dass sich durchs Wasser schlängelte - etwa 10 Meter lang, mit goldenen glitzernden Schuppen. Ein fransiger Kopf schaute aus dem Wasser heraus. Schnell glitt das Tier durch die Bucht, in der Art einer Schlange. Was mag das wohl für ein Tier gewesen sein? Eine gigantische Seeschlange oder nur ein Riesenaal?

Diese Geschichte veröffentlichte er, als er durch die Medien von den US-Marinesoldaten hörte, die 1996 in der Nähe von San Diego ein schlangenartiges Tier an Land zogen, das ganze 7 m lang war und 170 Kilo wog. Eine genaue zoologische Einordnung dieses Tieres konnte nicht erfolgen, jedoch geht man davon aus, dass es sich hierbei um eine Art des Riemenfisches (*Regalecus*) handelte, worauf die Aufnahme des Fanges hindeutet. Ob es sich bei diesem Fang um eine ausgewachsene Form oder um ein relatives Jungtier handelte, kann nicht mit Bestimmtheit gesagt werden. Möglich wäre es durchaus, dass in den Tiefen der Weltmeere noch weitaus größere Exemplare leben. Experten gehen von Längen von etwa 10 m bis 12 m für besonders große Exemplare aus, möglicherweise handelte es sich hierbei um eine besonders große Unterart der Riemenfische, dessen volle Größe nur geschätzt werden kann.

Dieser Fang bestätigte jedoch eines ganz sicher: Hinter vielen Sichtungen von Seeschlangen steckt weitaus mehr als nur Seemannsgarn. Diese Seeschlangen leben jetzt nicht mehr nur in Seefahrergeschichten, sondern auch in der Wirklichkeit. Welche anderen, uns noch unbekannte Tiere, mögen noch in den Tiefen des Meeres stecken? Welche Geschichten von Monstern sind, wie die von den Seeschlangen, nicht nur Legenden sondern Wirklichkeit?

Riesenkalmare – Giganten der Tiefe

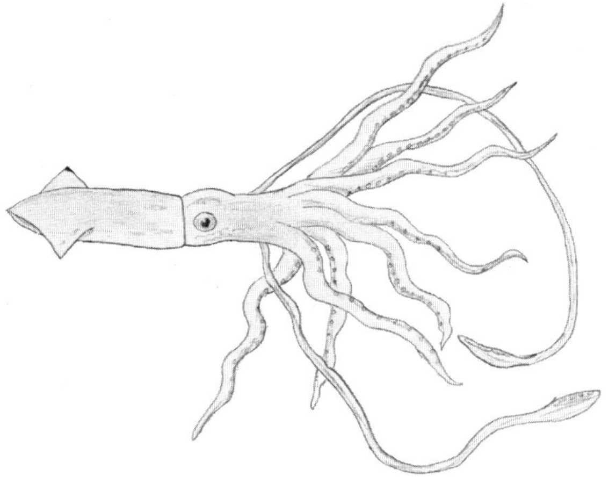

Riesenkalmare gibt es nicht nur in Gruselgeschichten, sie existieren wirklich. Zweifellos ist ihr Aussehen in einem gewissen Maße furchterregend, alleine die Länge ihrer Fangarme und den darauf befindenden Saugnäpfen lässt den Menschen schon erzittern. Wie die meisten "Ungeheuer" war der Riesenkrake auch nur eine von Seemännern überlieferte Geschichte, ein Mythos.

Bereits seit Jahrhunderten existieren Berichte über gewaltige, vielarmige Monster in den Ozeanen. Schon der römische Schriftsteller *Plinius der Ältere*, der im Jahre 79 nach Christus beim Ausbruch des Vulkans Vesuv ums Leben kam, berichtete in seinem 37-bändigen naturkundlichen Werk „Naturalis Historia" von einem großen „Polypen" mit zehn Meter langen Armen. Im spanischen Carteia, dem heutigen Rocadillo, habe das Tier die Fischteiche am Meer geplündert. Die Wachen töteten das Ungetüm. Sein Kadaver soll 700 Pfund gewogen und einen äußerst unangenehmen Geruch verströmt haben.

Walfänger berichtenden, das harpunierte Pottwale im Todeskampf lange, armartige Gebilde hervorwürgten - Körperteile eines monströsen, unbekannten Tieres. Es hatte für die Walfänger den Anschein, als handelte es sich um eine Art von riesigem Tintenfisch. Eines steht fest, es waren keine Geschichten, sondern Realität. Irgendwo in den Tiefen der Meere leben Riesenkalmare, welche sich Überlebenskämpfe mit Pottwalen liefern, wie Spuren an Pottwalen eindrucksvoll beweisen.

Erst im Jahr 1854 gelangte ein großer papageienschnabelartiger Kiefer in die Hände der Wissenschaft, das einzige was von einem Riesenkraken übrig geblieben war. Dieser in Jütland (Dänemark) geborgene Fund wurde vom dänischen Naturforscher Japetus Steenstrup gründlich untersucht. Endlich ein wissenschaftlicher Beweis dieser in den Tiefen der Ozeane lebenden Monster.

Was Riesenkraken eigentlich alles fressen oder wie sich sie bewegen ist bis heute noch nicht annähernd bekannt, da alles Wissen über die Riesen der Meere von gestrandeten Kadavern und verspeisten Überresten aus deren Verdauungstrakten stammt. Noch nie wurde ein gesunder Riesenkalmar bei seinen natürlichen Verhaltensweisen beobachtet. Selbst nachdem 2005 erstaunliche Aufnahmen eines Riesenkalmars gelangen, wissen wir nichts über dessen natürliche Bewegungsabläufe, da das gefilmte Exemplar sich in einer Stresssituation befand, als es an einer Fangleine hing und bei der Flucht schließlich einen Fangarm verlor.

Bis heute kann man in eine Tiefe von etwa 100 Meter tauchen, Tauchboote schaffen es entsprechend tiefer, wobei unser Wissen mit jedem Meter Wassertiefe abnimmt, aber im Ozean gibt es Stellen bis 11.000 m Tiefe. Was verbirgt sich in diesen schwarzen Verstecken des Meeres? Ganze Schwärme dieser Tiere? Oder leben diese imposanten Tiere als Einzelgänger?

Im November 1861 lieferte das französische Kriegsschiff *Alecton* vor der kanarischen Insel Teneriffa nach einer Begegnung der besonderen Art das nächste Fundstück. Auf der Meeresoberfläche trieb ein monströses Tier mit leuchtendem roten Körper - fast sechs Meter lang, dazu die noch längeren Tentakel. Die Augen schimmerten grünlich. Das Tier versuchte auszuweichen als das Schiff sich näherte, doch es tauchte nicht ab. Die Seeleute beschlossen das Wesen mit Harpunen zu beschießen, worauf es stark blutete und Schaum auf dem Wasser trieb. Ein strenger Geruch nach Ammoniak stieg auf. Als es an Bord gezogen werden sollte schnitt das Seil durch seinen Körper, trennte den Kopf und Arme des Tintenfisches ab, die ins Meer zurückfielen und versanken. Nur ein Teil des Tieres konnte an Bord gebracht werden.

Im Oktober 1873 hatten zwei Fischer ein Erlebnis, das selbst die Erzählungen Jules Vernes übertraf. Sie ruderten in einem kleinen Fischerboot zu einem Wrack hinaus. Doch als sie es mit einem Enterhaken heranziehen wollten, schlug das vermeintliche Wrack einen großen harten Kiefer in die Bordwand und umschlang das kleine Ruderboot mit einem riesigen Tentakel. Tom, der zwölfjährige Sohn des Fischers, hackte den langen Fangarm ab und verschaffte somit der Wissenschaft ein fast sechs Meter langes Beweisstück.

Seither wurden an den Küsten der ganzen Welt Körperteile dieser Tiere gesammelt, wenn diese angeschwemmt wurden. Der längste Fund hatte eine Größe von der Spitze seines Mantels, welcher Kopf und Körper umschließt, bis zum Ende der Tentakel von mehr als 23 m Länge. Dieser Riesenkalmar wog etwa eine Tonne. Heute geht man allerdings davon aus, dass dieser Kadaverfund lediglich eine Gesamtlänge von 16 – 18 m besaß, da man die Fangarme ehemals zur Messung gedehnt hatte, was beim weichen Gewebe der Riesenkalmare recht leicht ist.

Bis zum Jahre 1882 gab es 29 wissenschaftlich anerkannte Artikel über Architeuthis. Hiermit wurden diese Tiere ins Reich der existierenden Lebewesen aufgenommen.

Es scheint, als ob alle 90 Jahre Kadaver in einer großen Menge gefunden werden. Ein bestimmter Zyklus, der mit regelmäßig wiederkehrenden Schwankungen des Labradorstromes auftritt?

Einige Kryptozoologen sind davon überzeugt, dass in den Tiefen der Ozeane Riesenkalmare von ungefähr 50 Meter Länge leben können. Obwohl es hierfür keine eindeutigen Beweise gibt. Oftmals werden hierfür vernarbte Saugnapfabdrücke an Pottwalen aufgeführt, welche enorme Ausmaße bis zur Tellergröße besitzen. Durch Berechnungen von bekannten Exemplaren erhält man auf diese Art und Weise natürlich Ausmaße für solche Riesenkalmare zwischen 25 m und 50 m. Nur hat diese Methode einen großen Nachteil, denn die Narben können bereits einem jungen Wal zugefügt worden sein, wobei diese Narben bei dessen Wachstum natürlich mitgewachsen sind und gedehnt wurden. Faktisch liegen die bekannten erreichbaren Maximalgrößen für Architeuthis und seine Verwandten unter den Riesenkalmaren wohl irgendwo zwischen 16 und 20 m Gesamtgröße. Dies bedeutet natürlich nicht, dass es nicht noch größere bislang unbekannte Arten in den Tiefen der Meere geben kann. Allerdings erreichen wohl nur wenige Exemplare wirklich gewaltige Ausmaße, da der größte Teil wohl Opfer von Fressfeinden wird, bevor diese überhaupt ihre volle Größe erreichen können.

Ein interessantes Körperteil der Riesenkalmare sind deren Augen. Diese sind die größten in der Tierwelt, mit ganzen 40 cm Durchmesser. Manche in den Augen befindliche Nervenfasern sind so dick, dass man sie ursprünglich für Blutgefäße hielt.

Diese gigantischen Tintenfische gehören biologisch gesehen zu den Kalmaren, jenen Kopffüßern mit einem länglich gestreckten, zugespitzten Körper, acht langen Fangarmen und zwei noch längeren Tentakeln mit keulenförmigen Enden. Die eigentlichen Kraken, die Oktopoden, besitzen dagegen nur acht Arme und einen rundlichen oder sackartig aufgeblähten Körper. Im Inneren des Weichtieres ist ein Gerüst aus Chitin, dass die Funktion eines Skeletts übernimmt, das Gladius oder Schwert, einem Rest der äußeren Schale anderer Mollusken, wie etwa Muscheln und Schnecken. Dieses Schwert kann beim Riesenkalmar bis zu 1,20 m lang werden. Dies beweisen die bis jetzt etwa 200 Exemplare, welche an Stränden rund um die Erde angeschwemmt oder in Netzen von Fischern gefangen wurden.

Wie viele Kopffüßer besitzen auch Riesenkalmare einen Tintenbeutel, der mit schwarzbrauner Flüssigkeit gefüllt ist. Doch im Vergleich zu seinem gewaltigen Körper ist dieser eher klein ausgeprägt. Wozu benötigt der Architeuthis und dessen Verwandte, wie etwa der monströse Mesonychoteuthis, die Tintenflüssigkeit? Wollen sie damit ihre Beute täuschen oder Feinde abschrecken?

Die Fortpflanzung dieser Riesen ist nach dem heutigem Wissensstand ein kompliziertes und sehr seltenes Ritual. Wie so oft in der Tierwelt ist das männliche Tier das schwächere und kleinere Geschlecht. Wenn ein männlicher Architeuthis inklusive Fangarme eine Länge von sechs Meter erreicht, so gilt dieser schon als großes Exemplar. Da es in den Tiefen der Ozeane wahrscheinlich nur selten zu einer Begegnung zweier Geschlechter kommt, ist die Paarung eines der wichtigsten Momente im Leben der Riesen. In einem für Menschen recht ungewöhnlichen ruppig erscheinenden Liebesspiel befruchten die Männchen gewissermaßen die Weibchen mit einem Samenvorrat. Ihre Samenbehälter - überfüllt mit weißen, länglichen Spermien - werden im weiblichen Körper aufbewahrt, bis die Eier herangereift sind. Die Befruchtung an sich ist ein richtiger Kampf, es wurden weibliche Kalmare gefunden, bei welchen sich in den Fangarmen mehrere Spermienpakete unter vernarbten Verletzungen befanden. Man nimmt an, dass die Männchen mit ihrem Kiefer Risse in die Haut der Weibchen reißen und dann ihre Spermienpakete mit ihrem Penis, welcher etwa einen Meter lang ist, in die Öffnungen spritzen. Dort können diese Pakete monatelang aufbewahrt werden. Doch wie diese Spermien später den Weg zu den Eierstöcken finden, ist bisher unklar.

Jungtiere leben in den ersten Monaten in den oberen Regionen des Meeres, wo sie eine leichte Beute von Albatrossen und verschiedenen Meeresbewohnern werden können. In Mägen von Albatrossen fand man mehrere kleine Kiefer, von welchen man weiß, dass die Jungtiere nicht größer als 10 bis 15 cm gewesen sein konnten.

Wie es wohl aussehen würde, wenn ein Architheuthis oder seine Verwandten auf die Jagd geht? Die Tentakel des Riesen fassen die Beute und ziehen sie zum Kiefer, wo sie dann in schlundgerechte Stücke zerlegt wird. Denn beim schlucken dürfen die Brocken nicht zu groß sein, da sie sonst das Gehirn des Weichtieres verletzen könnten, welches um die Speiseröhre herum liegt. An etlichen Walen kann man Spuren von Kämpfen mit den Riesen der Meere erkennen. Die Meeressäuger liefern sich in bis zu 3000 m Wassertiefe Kämpfe auf Leben und Tod mit den Tintenfischen.

Der Architeuthis bleibt bisher in der Dunkelheit des Meeres verborgen, aber die Wissenschaftler und Naturforscher werden nicht eher ruhen, bis sie einen dieser Giganten in ihrer natürlichen Umwelt beobachten können. Und ab und zu findet man neue Arten von Riesenkalmaren, den wahren Giganten der Tiefe, welche von Seefahrern seit jeher gefürchtet werden.

Mysteriöse Haie

Der Megalodon

Unsere Erde ist ein blauer Planet, denn Ozeane bedecken über zwei Drittel seiner Oberfläche. In diesen Ozeanen entstand das Leben, dessen vielfältige Formen auch heute noch untrennbar mit dem Lebensraum Meer verbunden sind. Die Tiefsee ist die letzte, noch weitgehend unerforschte Region der Erde. Wieviel wissen wir wirklich über die Ozeane? Erst im vergangenen Jahrhundert ist der Mensch in diese dunkle Welt vorgedrungen. Langsam erschließt sich ein faszinierendes Universum, das viele Geheimnisse und fremdartige Lebewesen birgt. Während Dinosaurier über die Urkontinente wanderten, beherrschten bereits riesige Raubfische, wie der bis zu 17 m lange *Carcharocles megalodon* die Meerestiefen.

Der *Carcharocles megalodon*, der „Riesenzahnhai", welcher vor vielen Jahrmillionen der unbestrittene größte Raubfisch der Weltmeere war, ist ein naher Verwandter der heutigen Weißen Haie (*Carcharodon carcharias*) und der Makohaie (*Isurus oxyrhinchus*) und zählte wie diese zur Familie der Makrelenhaie (*Isuridae*), welche im offenen Meer leben und beachtliche Größen erreichen können. Der Weißhai (*Carcharodon carcharias*) erreicht eine theoretische Maximalgröße von bis zu 8 Metern. Der Megalodon lebte bis vor etwa 100.000 Jahren in den Tiefen des Meeres, bevor er zu jenem Zeitpunkt offensichtlich endgültig ausstarb. Der Niedergang dieser gewaltigen Jäger begann aber wohl bereits zum Ende des Pleistozäns vor 1,6 Mio. Jahren. Über die genauen Ursachen seines Verschwindens kann man nur Vermutungen anstellen, welche von Nahrungsmangel, Krankheiten bis hin zu genetischer Deformation und Unfruchtbarkeit reichen.

Die ehemalige Namenszuweisung *Carcharodon megalodon*, welche auf der Annahme einer direkten Verwandtschaft zum Weißhai aufgrund der Zahnähnlichkeit beruht, wurde mittlerweile durch neuere Forschungsergebnisse in Frage gestellt. Vielmehr scheint eine nähere Verwandtschaft zu einer älteren Stammform der Makrelenhaie vorzuliegen, den *Carcharocles*, weshalb man eine Namensanpassung zu *Carcharocles megalodon* vornahm.

Doch ist dieser gewaltige Jäger der Meerestiefen tatsächlich ausgestorben? Etliche Personen behaupten, er könnte sich noch heute in den dunklen, noch von Menschen unentdeckten Gebieten der Ozeane aufhalten. Darauf könnten die gefundenen bemerkenswert großen Zähne des Ungetüms hinweisen, welche noch heute an Strände angespült oder von Tauchern gefunden werden. Die gezackten Zähne eines solchen Hais können bis zu 18 cm lang werden.

In etwa 4.000 Metern Tiefe fand man im Südpazifik Megalodonzähne von 10 mal 7 cm Größe, die recht frisch aussahen. Man nimmt aufgrund dieser Funde an, dass die räuberischen Monsterhaie erst in jüngerer Zeit ausgestorben sind – vor 24.000 bis 11.000 Jahren. Ein besonders gut erhaltener Zahnfund wurde sogar auf ein Alter von lediglich 5000 Jahren datiert.

Obwohl der Megalodon kein Warmblüter war, besaß seine Körpertemperatur einen Unterschied von etwa 5-7°C gegenüber seiner Umgebung, was ihm eine höhere Geschwindigkeit und Wendigkeit erlaubte. Diese Fähigkeit nennt man „Gigantothermie", eine Fähigkeit großer Lebewesen, welche so ihre Körpertemperatur aufrechterhalten und welche bei allen Großhaien aus der Familie der Makrelenhaie zu finden ist. Durch die Größe des Tieres wird der Stoffwechsel zu einer Art Dämmfunktion für das periphere Gewebe. Dadurch war der Megalodon in der Lage eine erhöhte innere Temperatur zu erzeugen. Hierbei wird das Blut durch ständige Muskelbewegungen aufgeheizt.

Man vermutet, in Anlehnung an seine heutigen Verwandten, dass der Megalodon einen ausgesprochen guten Geruchsinn besaß. Mit richtungssensiblen Membranen konnte er nicht nur seine Beute in einem riesigen Sektor wahrnehmen, sondern auch die Richtung feststellen. Man muss sich vorstellen, dass ein solcher Gigant mit einer nach beiden Seiten schwingenden Kopfbewegung durch das Wasser schwamm, er folgte dem Geruch seines Opfers ohne dabei die Orientierung zu verlieren. Wenn man bedenkt, wie klein die Nasenlöcher der uns bekannten Haiarten sind, wird es uns verwundern, dass die Nasenlöcher des riesigen Megalodon die Größe einer Grapefruit hatten.

Selbst mit der Haut kann solch ein Hai Beute in einem Umkreis von hunderten Kilometern ausmachen. An beiden Seiten des Tieres verlief das Seitenlinienorgan, den sogenannten Neuromasten. Diese waren in der Lage Vibrationen, Muskelbewegungen und sogar den Herzschlag eines kleineren Fisches zu lokalisieren. Unter der dicken Haut waren also Kanäle, welche voller winziger Sinnesorgane steckten. Die von Schleim gefüllten Kanäle fingen die Druckwellen des Meerwassers auf und signalisierten diese Wellen an die Neuromaster weiter. Dadurch war der Megalodon wohl der gefürchtetste Räuber der Meere, dem nichts entging. Wenn er dann sein Opfer erreicht hatte, gab es für dieses Geschöpf keine Chance zur Flucht. Das Maul eines ausgewachsenen Megalodon übte bei einem Biss auf das Opfer einen gewaltigen Druck von mehr als 10.000 Kilogramm pro Quadratzentimeter aus.

Wäre es möglich, dass dieser gewaltige Jäger des Meeres noch heute in der Tiefsee lebt? Immerhin ist sein offensichtliches Verschwinden genau betrachtet in der Erdgeschichte erst gestern gewesen. Es gibt immer wieder Berichte von Fischern, welche auf hoher See gewaltige Haifische gesehen haben wollen, größer als alle Haie die sie kannten. Es gibt sogar einzelne Berichte, dass diese Giganten sich über Fischnetze hermachten um den Inhalt zu verschlingen. Sichtungen von enorm großen Haien erfolgten sowohl im offenen Atlantik als auch im pazifischen und indischen Ozean.

Im Jahr 1918 weigerten sich einige Fischer tagelang zu ihren Fangplätzen vor Broughton Island (Kanada) auszufahren. Die Männer arbeiteten wie üblich auf hoher See, als ein Hai von „fast unglaublichen Ausmaßen" auftauchte und alle Hummertöpfe verschlang – inklusive Topf, Angelleinen und anderen Fischereiutensilien. Die Töpfe hatten einen Durchmesser von etwa 1,1 Metern und enthielten jeweils 2 bis 3 große Hummer, von denen jeder mehrere Pfund wog. Diesen Hai, so die Männer, hätten sie sich nicht einmal in ihren schlimmsten Alpträumen vorstellen können. Es sah ganz danach aus, als hätten die Fischer einen der letzten Megalodons gesehen. Doch die Längen, die sie angaben, waren absurd. Einer der Fischer beteuerte, dieses Monster sei „mindestens 100 Meter lang" gewesen! Vermutlich hatte er in seiner Aufregung übertrieben, doch auch anderen Zeugen erschien das Geschöpf riesig. Beobachter an Land meinten, es sei etwa so lang gewesen wie der Kai, auf dem sie standen und welcher fast 35 Meter lang war. Sie sagten weiterhin, dass das Wasser regelrecht „gekocht" habe, als der Hai hindurchglitt. Sie alle kannten Wale, doch das Tier, welches sie sahen, war eindeutig ein Hai. Jeder konnte seinen furchterregenden Kopf sehen, der so lang wie das Dach eines Kaischuppens war. Zwar erscheinen diese Angaben mehr als abenteuerlich, doch die Seeleute waren nüchterne, unerschütterliche Menschen, die kein Seemannsgarn erfanden, gewöhnlich sogar nie über ihre Fänge sprachen. Es fiel auf, dass alle Zeugen dieses Vorfalls unabhängig voneinander übereinstimmend die geisterhaft weiße Farbe des Fisches beschrieben.

Irgendwann in den späten 1920er Jahren ging der Autor Zane Grey gerade vor Rangiroa im Südpazifik seiner Leidenschaft, dem Tiefseeangeln, nach, als er sich über die Reling beugte und einen außergewöhnlich großen, gelblichgrünen Hai mit einigen weißen Farbtupfern und einem quadratischen Kopf im Wasser erblickte. Grey schätzte die Länge des Tieres auf 10,5 bis 12 Meter. Einige neuseeländische Fischer sahen den Hai ebenfalls und konnten die Angaben des Mannes bestätigen. Grey war überzeugt, dass es sich nicht um einen Walhai handelte, obwohl seine Beschreibung gut auf einen solchen passt.

Zane Greys Sohn Loren sah 1933 an Bord der S. S. Manganui ein ähnliches Tier. Vater und Sohn waren auf der Rückfahrt von einem Anglerausflug bei Tahiti nach San Francisco, als Loren Grey zunächst einen gelben Wasserbereich erspähte. Im ersten Moment glaubte er, es sei ein Wal, doch die horizontale Bewegung des bräunlich gefärbten Schwanzes im Kielwasser des Schiffes ließ darauf schließen, dass es ein Hai sein musste. Nach den Angaben der beiden Männer war dieser zwischen 12 und 15 m lang. Loren Grey war sich absolut sicher, dass es kein Walhai war. Vielleicht war diese Angabe aber auch von der Behauptung seines Vaters geprägt.

Die polynesischen Fischer in New South Wales glauben an den sogenannten *Lord of the Deep*, ein ca. 30 Meter langes Seeungeheuer, das einem Weißen

Hai nicht unähnlich sehen soll. Vielleicht waren die von den Grey's gesichteten Tiere Urheber dieser Legende.

Aus den 60er Jahren des 20. Jahrhunderts stammt ein weiterer Bericht. In der Nähe des Great Barrier Riffs war ein Schiff vor Anker gegangen, um notwendige Reparaturen durchzuführen. Plötzlich erschien ein enorm großer weißlich gefärbter Hai, der dicht unter der Oberfläche an dem Schiff vorüberschwamm. Er war nach den Angaben der Seeleute, die erst Jahre nach der Begebenheit von ihrer Sichtung berichteten, genauso lang wie ihr Schiff – 26 Meter!

Ein weiterer riesiger haiartiger Fisch wurde im Oktober 1999 vor Deer Island, New Brunswick (Kanada), beobachtet. Die Zeugen Bill Curtsinger und Heather Perry sagten aus, sie hätten, als sie sich gerade auf ihrem Boot befanden, ein lautes Geräusch – etwa 450 Meter entfernt – im Wasser gehört. Was sie dort sahen, beschrieben sie als die riesige sichelförmige Schwanz- oder Rückenflosse irgendeines extrem großen Lebewesens. Die schwarze Flosse schätzten sie auf 1,8 bis 3 Meter Länge. Nachdem sie verschwunden war, tauchte sie nicht noch einmal auf. Das Wasser war an dieser Stelle mindestens 90 Meter tief. Was sahen die beiden Augenzeugen? Kein bekanntes wasserlebendes Tier trägt eine Flosse wie diese – geformt wie die eines Weißen Hais, jedoch um ein Vielfaches größer.

Bisher wurde jedoch noch kein totes Tier als Beweis für die Weiterexistenz dieses Raubfisches vorgefunden. Ein Problem mit Kadavern von Haifischen liegt jedoch in ihrem Körperbau. Da das Skelett eines Haifisches bis auf das Gebiss nur aus Knorpeln und nicht aus Knochen besteht, verwesen diese Kadaver sehr schnell und sinken in die Tiefe des Meeres zurück. Alles was von einem Haifisch übrigbleibt sind seine Zähne. Die meisten Zahnfunde des Megalodon jedoch erwecken schon beim ersten Eindruck das Gefühl hohen Alters, was an der meist bräunlichen Verfärbung liegt. Es gibt allerdings auch einige Funde, welche aussehen, als ob sie gerade erst aus dem Maul eines dieser Giganten gefallen wären. Tiefgehende Untersuchungen an diesen Zähnen wurden nicht unternommen, da die meisten bei Sammlern anzutreffen sind und sich dort großer Beliebtheit erfreuen. Allerdings sollte man darauf hinweisen, dass bei einer an einem Zahn durchgeführten Altersbestimmung, aufbauend auf dem Zerfall radioaktiver Isotope und deren Halbwertzeit, ein Alter von gerade einmal 5000 Jahren nachgewiesen wurde. In wie weit dieses Alter allerdings bestätigt werden kann ist fraglich, da bereits kleinste Sedimentreste und Algenablagerungen die Altersdatierung über die C-14 Radiokarbonmethode beeinflussen können.

Sollte es den Megaladon tatsächlich auch heute noch in den Weiten der Ozeane geben, so sind Taucher und Schwimmer nicht wirklich von diesem Killer aus der Tiefe bedroht, da er vermutlich im tiefen Wasser unterhalb von 100 Metern und zudem nur im offenen Meer vorkommt und wahrscheinlich nur sehr selten überhaupt in der Nähe der Oberfläche auftaucht. Taucher und Schwimmer hingegen tummeln sich im flachen Wasser und an Korallenriffen, welche der

Megalodon aber aufgrund seiner gewaltigen Ausmaße meidet. Leider sind die offenen Gewässer nicht kontinuierlich überwachbar, so dass sich ein Wesen wie der gewaltige Megalodon problemlos vor den Augen der Zoologie verbergen kann.

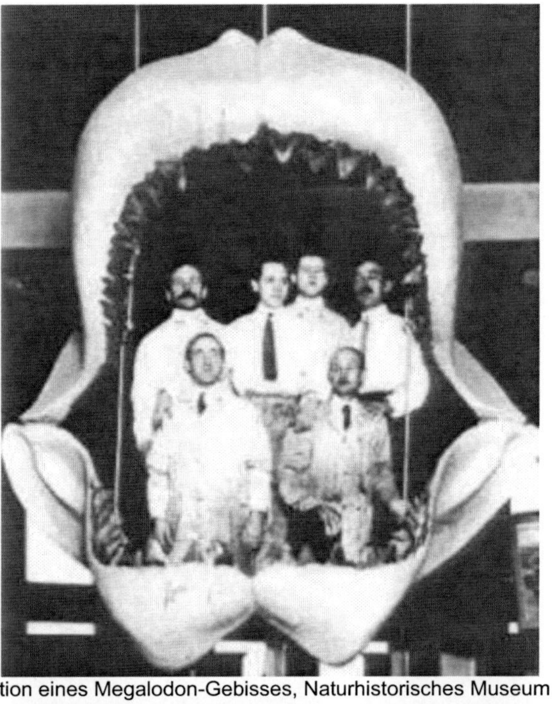

Rekonstruktion eines Megalodon-Gebisses, Naturhistorisches Museum New York

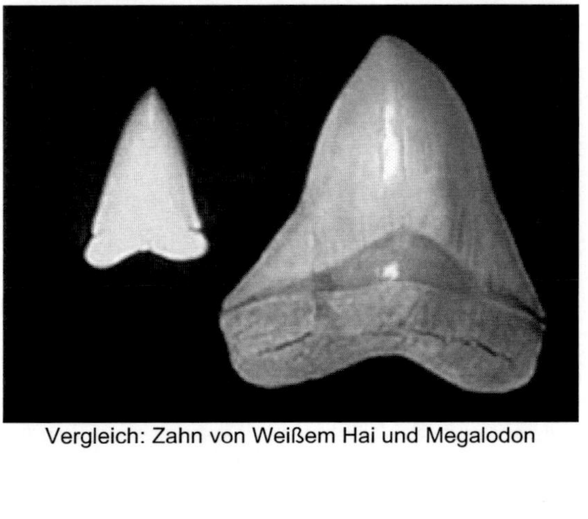

Vergleich: Zahn von Weißem Hai und Megalodon

Megamouth – Der Riesenmaulhai

Viele Fischer erzählten von einem großen Hai, welcher Ähnlichkeit mit einem Walfisch aufweist und mit einem gewaltigen Schlund durch die Meere zieht, sich jedoch von einem gewöhnlichen Riesenhai unterscheidet. Man glaubte bis vor kurzem noch, dass diese Erzählungen reines "Seemannsgarn" seien. Am 15. November des Jahres 1976 wurde aus diesem "Fabelwesen" eine Realität. Man zog eine bisher unbekannte Haiart aus dem Meer. Eine Spezies, welche der in den Erzählungen der Seeleute sehr ähnelte.

Ein Forschungsschiff der amerikanischen Marine hatte vor Hawaii seine Treibanker ausgeworfen. Als die Besatzung diese gerade aus etwa hundert Meter Tiefe einholen wollte, stellten sie fest, dass sich ein etwa 4,5 Meter langer Fisch in den Leinen verbissen hatte. Ein Fisch, der sämtlichen Personen an Bord völlig unbekannt war. Es war wie eine Mischung aus einem Hai und einem Wal. Man war mehr als überrascht ein solches Exemplar durch Zufall zu entdecken. Im Bishop-Museum von Hawaii stellte man fest, dass es sich bei diesem Wesen tatsächlich um eine neue noch unbekannte Haiart handelte. Diese hatte einen ausgesprochen großen Kopf, lang und breit, aber nicht wie bei anderen Haien zugespitzt. Mehr als 400 kleine Zähne füllen das riesige Maul dieses Hai's, welche in 50 bis 70 Reihen an jedem Kiefer angeordnet waren. Seinen Namen verdankt er seinem überaus großem Maul: „Megamouth-Shark" (dt. "Riesenmaulhai").

Dieser Hai ist nach dem Quastenflosser die zweite große fischkundliche Entdeckung des 20. Jahrhunderts. Man vermutet, dass dieser Hai in großen Tiefen des Meeres lebt und daher bisher noch nicht gefangen wurde. Der Riesenmaulhai lebt mit großer Wahrscheinlichkeit von Kleinstlebewesen des Meeres. Vermutlich lockt er seine Beute mit Hilfe seiner silbrig schimmernden Zunge und der Maulumrandung an.

Es vergingen weitere acht Jahre, bis ein weiterer Riesenmaulhai gefangen wurde. Dies geschah im November des Jahres 1984. Fischern vor der Küste der kalifornischen Insel Santa Catalina entdeckten dieses Exemplar in einer Tiefe von gerade einmal 38 Metern. Der dritte seiner Art, welcher etwa fünf Meter lang war, wurde an die Küste von Mandaurah (Australien) am 18. August 1988 angeschwemmt. An diesem beliebten Urlaubsort, etwa 50 Kilometer südlich von Perth in Westaustralien, entdeckten Surfer diesen Hai, welchen sie fälschlicherweise für einen Wal hielten. Sie versuchten das Tier auf's offene Meer hinauszutreiben, doch dieser Rettungsversuch scheiterte. Er strandete und verendete elendig.

Bisher waren die entdeckten Riesenmaulhaie männlichen Geschlechts. Im Jahr 1989 wurden in japanischen Gewässern gleich zwei Exemplare entdeckt.

Am 21. Oktober 1990 wollte der kalifornische Fischer Otto Elliott gerade sein Netz aus einer Tiefe von etwa 23 Meter einholen, als er bemerkte, dass sich etwas großes darin befand. Ein Hai mit dem Kopf eines Walfisches. Er schleppte das Tier im Netz etwa acht Stunden bis zur Küste, wo er es dem Biologen Bob Lavenberg übergab. Dieser stellte fest, dass es sich um einen Riesenmaulhai handelte. Dieses männliche, 4,5 m lange, Exemplar war völlig gesund. Man untersuchte es und ließ es wieder frei. In Gefangenschaft würde er wahrscheinlich nicht überleben. Bei dieser Gelegenheit wurde das Tier mit einem Sender markiert, um mehr über diese faszinierenden Tiere zu erfahren, so z.B. in welcher Tiefe sie leben und wo sie sich aufhalten. Man konnte diesen Hai 50 Stunden lang mit Hilfe des Senders verfolgen. Während des Tages blieb er in einer Tiefe von 170 Metern. Nachts stieg er in eine Tiefe von bis zu 12 Metern auf.

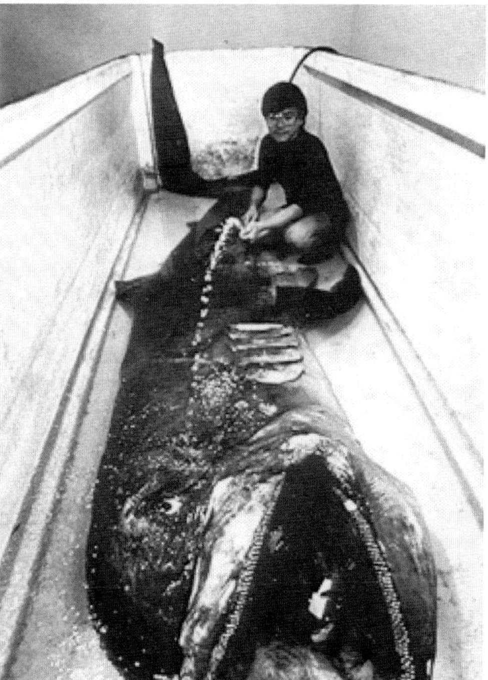

Erstmals wurde 1995 ein weibliches Exemplar vor der Küste Japans angeschwemmt. Dieses wurde untersucht und man fand zwei getrennte Vaginalöffnungen vor, welche jedoch mit einem Hymen verschlossen waren. Damit stand fest, dass es sich hier um ein jungfräuliches Tier handelte und keine embryonalen Entwicklungsstadien zu erwarten waren. Zwei komplette Organtrakte konnten identifiziert werden. Eine Drüse zur Bildung von Eierschalen war nicht zu erkennen, was wiederum auf die Unreife des Haies hindeutet. Bisher sind kaum mehr als ein Dutzend dieser Tiere bekannt. Einer der letzten Funde fand im Mai 1997 vor Toba (Japan) statt.

Was die weiteren Lebensumstände und Gewohnheiten des Megamouth anbetrifft, kann man zum momentanen Zeitpunkt nur spekulieren. Aber mit jedem weiteren gefundenen Exemplar wächst unser Wissen über diesen seltsamen Meeresbewohner...

Existieren gewaltige Cookiecutters?

Die Sonne umwärmt mit ihren Strahlen die Felsenküste einer kleinen Insel, an deren Strand eine Kolonie von Robben lebt. Einige Tiere bewegen sich schwerfällig in Richtung Meer, um in der Tiefe nach Nahrung zu suchen. Einmal im Wasser angekommen, werden diese an Land so behäbigen Tiere schnell und äußerst Flink, schwimmen und tauchen ein wenig hinaus ins offene Meer, um sich auf den Weg in die Tiefe zu begeben. Ein letzter Atemzug verbunden mit einem letzten Blick auf die Wasseroberfläche, und die Robbe beginnt ihren Tauchgang bis in mehrere hundert Meter Tiefe. Zielstrebig taucht Sie immer tiefer hinab, immer auf der Suche nach dem nächsten schmackhaften Bissen. Das Wasser um sie herum wird immer dunkler, als etwas längliches blitzschnell aus der Dunkelheit auftaucht und die Robbe einen kleinen Ruck und einen kurzen, stechenden Schmerz verspürt, welcher sie zum auftauchen zwingt. In ihrer Haut und dem darunter liegendem Speck befindet sich ein kleines kreisrundes Loch, welches stark an einen ausgestochenen Keks in einer Lage Teig erinnert. Und wieder einmal hat der berüchtigte Cookiecutter zugeschlagen...

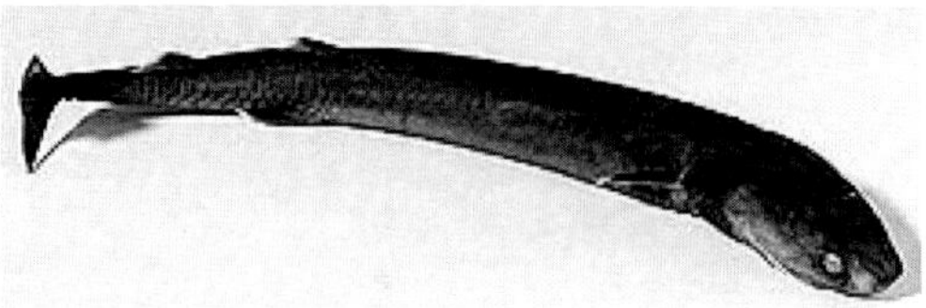

Bis zum heutigen Tage wissen wir nur sehr wenig über diesen mysteriösen Hai, da unser Wissen nur aus wenigen Funden von toten Tieren stammt, welche gelegentlich angespült oder in Netzen gefunden werden. Bisher sind 2 Arten der Cookiecutter-Haie bekannt (*Isistius brasiliensis* und *Isistius plutodus*), welche sich nur durch einen schwarzen Streifen hinter dem Kopf unterscheiden. Seinen deutschen Namen "Zigarrenhai" erhielt er wegen seines Aussehens, welches durch die Form und Farbe an eine Zigarre erinnert. Alle bisherigen Funde wiesen eine Größe von etwa 45 - 50 cm auf, doch aufgrund von gefundenen Bissspuren an Beutetieren errechnete man, dass es auch Cookiecutter's mit einer Körperlänge von bis zu 2 Metern geben könnte, welche aber bis auf die festgestellten Bissspuren bis heute vollkommen unbekannt sind. Nach einigen Berichten soll es aber auch weitaus größere Exemplare geben, welche gewaltige Fleischbrocken aus Walen und Haien herausreißen. Einige auf Haie spezialisierte Kryptozoologen versuchen, aufgrund dieser Bissspuren, die Existenz einer dritten Art ausfindig zu machen, welche größer als die beiden bisher bekannten Arten sein muss.

Zoologisch gehört der Cookiecutter in die Familie der Tiefsee-Katzenhaie (*Squaliformes*) und man nimmt an, dass dieser in einer Tiefe zwischen 200 - 1500 m lebt, unter Umständen auch jenseits dieser Tiefe. Vermutlich ist der Cookiecutter lebendgebärend und legt keine Eier.

Sein Jagdverhalten ist darauf ausgerichtet, keine große Beute zu machen, sondern aus vorbeikommenden Tieren kleine Stücke des Fleisches herauszureißen, bzw. sich an seine Beutetiere anzuhängen und schöne kreisrunde Löcher aus deren Haut und Fleisch zu stanzen, weshalb er seinen Namen „Cookiecutter“ (dt. Plätzchenstecher) erhielt. Hierzu besitzt er rasiermesserscharfe Zähne an Ober- und Unterkiefer. In der Regel überleben die angegriffenen Tiere mit kleinen Verletzungen (kreisrunde Löcher) in der Haut und im Fleisch. Gefährlich wird es für das Beutetier nur dann, wenn Blut austritt und weitere Räuber angelockt werden. Oftmals werden die auffälligen Narben der Bissspuren an Robben und Walen vorgefunden, aber auch andere große Fische und Haie gehören zu den Opfern des Cookiecutters. Für Menschen stellt er wegen seines Lebensraumes keine Bedrohung dar, da ungeschützte Sporttaucher nicht in diese Tiefen vordringen können, welche den natürlichen Lebensraum der Zigarrenhaie darstellen.

Vorgefundene Bissspuren reichen von etwa 0,5 cm bis hin zu gewaltigen Wunden von mehr als 50 cm Durchmesser, was wie bereits erwähnt auf relativ große Exemplare des Cookiecutters schließen lässt.

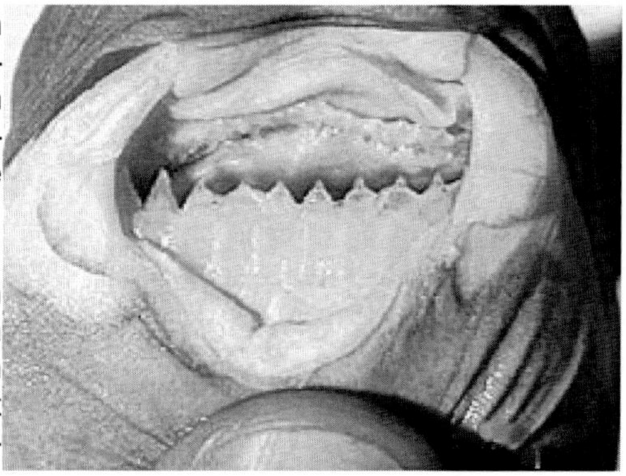

Allerdings sind solche Bissnarben nicht unbedingt aussagekräftig, da einige der riesig erscheinenden Wunden bereits Jungtieren zugefügt worden sein können und anschließend mit dem Opfer mitwuchsen.

Vermutlich verharrt der Cookiecutter relativ bewegungslos an einer Stelle und lässt seine Beute bis auf wenige Meter an sich herankommen. Sobald die Beute in geringer Entfernung ist, schießt der Hai schnell auf sein Opfer zu und schneidet mit seinen Zähnen ein Stück Fleisch aus diesem heraus, um danach wieder in der schützenden Dunkelheit zu verschwinden. Am Bauch des Cookiecutters ist eine Reihe von phosphoreszierenden Punkten angeordnet, welche vermutlich durch das Licht in der Dunkelheit die Opfer anlockt.

Bis auf weiteres behält dieser mysteriöse Hai noch viele seiner Geheimnisse für sich, bis zu jenem Zeitpunkt, an welchem der Mensch dauerhaft in den Lebensraum dieser Tiere vorzudringen vermag, um die Geheimnisse der Tiefsee zu studieren...

Vogelwesen und fliegende Rätsel

Nicht nur auf dem Land oder in Seen und Ozeanen gibt es mythische und faszinierende Lebewesen, auch am Himmel tummeln sich seltsame Kreaturen, welche bislang nicht eindeutig identifiziert oder zoologisch erfasst wurden, auch wenn diese teilweise recht groß sind. Bereits die alten Kulturen, etwa die Ägypter, kannten gigantische fliegende Wesen. Auch in alten Sagen und Legenden sind diese mit eingeflossen, etwa der Vogel *„Roc"* oder die drachenähnlichen *„Wyvern"*. Selbst in unserer modernen Zeit gibt es immer wieder Sichtungen von gewaltigen Vögeln, etwa den *„Donnervögeln"* aus den USA, oder den Flugsauriern aus Afrika.

Aber auch ausgestorbene Vögel, wie z.B. die Dronte oder der Moa, sowie etliche andere verschwundene Vogelarten, werden von Kryptozoologen in der ganzen Welt gesucht. Einige dieser kryptozoologischen Wesen werden auf den folgenden Seiten aufgeführt.

Der Mottenmann von Point Pleasant

Am 15. November des Jahres 1966 fuhren Roger Scarberry, seine Frau Linda und deren beide Freunde Steve und Mary Mallette, gegen 22.30 Uhr an der stillgelegten Sprengstofffabrik nahe dem Städtchen Point Pleasant auf der Landstraße Nr. 62 in West-Virginia vorbei. Kurz nachdem sie die Fabrik passiert hatten, bemerkten sie in der Dunkelheit zwei leuchtend rote Punkte in ihrer Fahrtrichtung, welche noch ziemlich weit entfernt zu sein schienen. Beim Näherkommen entpuppten sich diese Lichtpunkte als zwei reflektierende Augen eines etwa 1,90 m großen Wesens, welches als grauer Umriss auf der Straße zu erkennen war und den näherkommenden Wagen anzustarren schien. Das Wesen rührte sich nicht und blickte auch weiterhin dem näherkommenden Fahrzeug starr entgegen. An seinem Körper konnten die vier Personen so etwas wie angelegte Flügel erkennen, und dieses Wesen schien auf zwei Beinen zu stehen. Die beiden Augen befanden sich am oberen Ende der dunklen Gestalt. Die vier Zeugen konnten keinen Hals entdecken und es schien, als ob dieses Wesen keinen Kopf besaß oder dass der Kopf direkt mit dem Oberkörper verbunden war.

Starr vor Entsetzen versuchte Roger Scarberry diesem Wesen auszuweichen und fuhr an diesem vorbei. Als er es passiert hatte, beschleunigte er den Wagen auf bis zu 160 Stundenkilometer, um diesem unheimlichen Wesen zu entkommen. Hinter dem Wagen entfaltete das Wesen seine Flügel und erhob sich in die Höhe, um dem Fahrzeug zu folgen. Offensichtlich bereitete die hohe Geschwindigkeit des Wagens diesem Wesen keine großen Schwierigkeiten, denn es schien das Fahrzeug ohne bemerkbare Flügelschläge zu verfolgen. Während der Verfolgung gab dieses Wesen mehrere schrille und äußerst schaurige Schreie von sich. Je mehr sich jedoch die vier Personen dem Ort Point Pleasant näherten, desto weiter fiel das Wesen zurück und schien langsamer zu werden, bis es schließlich am dunklen Himmel verschwand. Im Ort angekommen, fuhren die Augenzeugen umgehend zur Polizeistation und schilderten dem stellvertretenden Polizeichef Millard Harlstead von Mason County den Vorfall. Dieser wollte die Geschichte der vier jungen Leute jedoch nicht glauben und fuhr mit ihnen zu der stillgelegten Fabrik zurück. Jedoch fand man dort absolut keine Spur dieses mysteriösen Wesens.

Am selben Abend saß Mr. Newell in Salem (West-Virginia), etwa 90 Meilen von Point Pleasant entfernt, vor seinem Fernseher, als sein Hund "Bandit" plötzlich anfing wie wild zu bellen. Gestört durch dieses aufgeregte Gebell seines Hundes, nahm er seine Taschenlampe und ging nach draußen, um nachzusehen was der Grund für das Verhalten seines Hundes war. In einiger Entfernung sah er zwei rote Punkte leuchten. "Bandit" knurrte wild und sprang den leuchtenden Punkten entgegen. Mr. Newell hörte kurz darauf mehrere schrille Schreie, worauf er seinen Hund zurückrief. Dieser kam allerdings nicht zurück und selbst am nächsten Tag fand man keine Spur mehr von ihm. Auch Mr. Newell meldete diesen Vorfall der zuständigen Polizeibehörde.

Am folgenden Tag gab Polizeichef George Johnson den Polizeibericht über die Vorgänge dieser Nacht an die Pressestelle frei. Als man das Erlebnis der Scarberrys überprüfte, fand man in den Akten einen Zusammenhang zu einem ähnlichen Vorfall, welcher sich im Jahre 1961 abspielte. Damals wurde ein Ungeheuer von zwei Personen gesichtet, welches der Sichtung der Scarberrys ähnlich schien. Die zwei Augenzeugen fuhren damals auf der Route 2 den Ohio River entlang, als ein Wesen mit Flügeln und rotleuchtenden Augen auf der Straße stand. Als sich das Auto langsam näherte, flog dieses Geschöpf kerzengerade in die Höhe. Die Spannweite der Flügel soll nach den Augenzeugen ganze drei Meter betragen haben. Aufgrund der beiden identischen Erzählungen wurden Reporter auf dieses ungewöhnliche Geschöpf aufmerksam und veröffentlichten in einer großen Kampagne die unheimliche Begegnung mit diesem Wesen. Aufgrund seines Aussehens gaben findige Reporter diesem Geschöpf den Namen "Mothman", was auf übersetzt "Mottenmann" bedeutet, nach einem Gegenspieler von Batman aus der damals populären Fernsehserie "BATMAN". Aufgrund dieser Publikation wurden in den folgenden Monaten mehr als 100 weitere Sichtungen gemeldet, welche größtenteils exakt mit der Schilderung der Scarberrys übereinstimmten. Gegen Ende des Jahres 1967 riss die Welle der Sichtungen gänzlich ab und es schien, als ob dieses Wesen genauso verschwand, wie es kurz zuvor aufgetaucht war.

Als am 15. Dezember 1967 kurz nach 17.00 Uhr die "Silver-Bridge", eine Brücke über den Ohio-River, einstürzte und dabei 46 Menschen den Tod fanden, kam bald das Gerücht auf, das hierfür der "Mottenmann" verantwortlich sein könnte. Hierfür fand man allerdings niemals den geringsten Hinweis.

Acht Jahre später erschien der Buchbestseller "*The Mothman Prophecies*" von John Keel. Diese Dokumentation lieferte eine umfassende und gleichfalls nachdenkliche Beschreibung des mysteriösen Mottenmanns. Keel zeigte in seinem Buch auf, dass die Erscheinung zur damaligen Zeit nicht der einzige rätselhafte Vorfall in der Gegend um Point Pleasant war. Er berichtet von unzähligen Sichtungen von UFOs und schrecklichen "*Cattle-Mutilations*" (Tierverstümmlungen). Ebenfalls wies er darauf hin, das viele Bewohner dieser Gegend von unheimlichen schwarzgekleideten Personen Besuch bekamen, welche aufdringliche Fragen stellten und mit Strafen drohten, sofern sie ihre Erlebnisse weitererzählen. Aufgrund der gesammelten Berichte kam Keel und andere Forscher zu dem Schluss, dass es sich bei dem "Mottenmann" um eine übersinnliche Erscheinung handelt, möglicherweise um einen Eindringling aus einer anderen Zeit- oder Raumdimension.

Dr. Robert Smith, ein Biologe der West Virginia Universität, ist der festen Überzeugung, dass es sich bei dem "Mottenmann" um einen Zugvogel aus der Familie des großen graugefiederten Kanadakranichs handelt. Doch der Hals dieses Vogels ist im Gegensatz zu den Berichten lang und sieht äußerlich nicht der Gestalt des halslosen "Mottenmann" ähnlich.

Eine verblüffende Erklärung über den Ursprung des "Mottenmanns" stellte im Jahr 1988 der Forscher Mark Hall in "*Thunderbirds! - The Living Legend of Gigant Birds*" auf. Er weist in diesem Buch darauf hin, das im nordwestlichen Pazifik, dem Ozark-Gebirge in Missouri und dem Allegheny-Plateau in Pennsylvania, die Indianer, wie auch die ersten westlichen Siedler, fest an die Existenz einer Rieseneule glaubten. Ihr gaben sie den Namen "*Booger-Eule*" oder auch "*Big-hoot*" (hoot=Eulenschrei). Einen wissenschaftlichen Nachweis für die Existenz dieser Rieseneule konnte man jedoch bis heute noch nicht erbringen. Könnte diese "*Booger-Eule*" die Erklärung des mysteriösen "Mottenmann" sein?

Tatsächlich erinnert die Beschreibung des Mottenmanns durchaus an eine große Eule. Auch die leuchtenden Augen würden für eine Eule sprechen, wenn diese durch das Scheinwerferlicht des Fahrzeuges in der Dunkelheit angestrahlt werden. Die Größenangabe könnten, im Gegensatz zur Booger-Eule, welche nur etwa einen Meter groß sein soll, durch den Schattenwurf der Eule auf der Asphaltstrasse hervorgerufen worden sein.

Selbst der laute und schrille Schrei würde sehr gut auf diese Booger-Eule passen, da diese nicht umsonst auch „Big-hoot" („gewaltiger Eulenschrei") genannt wird.

Lediglich die Geschwindigkeitsangabe kann nicht mit einer großen Eule erklärt werden, wobei diese Angabe aber auch aus einer angstbedingten Sinnestäuschung hervorgehen kann, da sich die Zeugen verfolgt fühlten – ohne wirklich verfolgt worden zu sein. Dieses Phänomen kann jeder Leser gerne selbst nachvollziehen, wenn man mitten in der Nacht, besonders bei Vollmond, schnell mit dem Auto auf einer Straße durch den Wald fährt. Wenn man sich beobachtet fühlt, scheint es so, als ob etwas dem Fahrzeug am Himmel folgen würde.

In den letzten Jahrzehnten soll der mysteriöse "Mottenmann" hin und wieder einmal gesichtet worden sein, allerdings wurden diese Meldungen niemals öffentlich bestätigt. Das Geheimnis des "Mottenmann" bleibt auch bis heute völlig ungeklärt. Handelt es sich um ein unbekanntes Wesen, welches normalerweise in den menschenleeren Gebieten der USA lebt? Oder ist der "Mottenmann" eine Kreatur aus einer anderen Dimension? Manche UFO-gläubige sehen in diesem Wesen auch ein Lebewesen aus dem Universum, welches mit den damals häufig aufgetretenen UFO-Sichtungen zusammenhängen könnte. Welchen Zusammenhang haben die ominösen "Men in Black" in Verbindung mit diesem Wesen? Es gibt viele offene Fragen zu diesem Wesen, jedoch jede sinnvolle Erklärung für das Phänomen "Mottenmann" wirft immer weitere ungeklärte Fragen auf.

Der Moa – Ausgestorben oder nur versteckt?

Am 19. Mai 1992 schlug ein kleiner Eintrag in ein Hüttenbuch durch 2 deutsche Wanderer in Neuseeland gigantische Wellen auf der ganzen Welt: *"Wir waren sehr überrascht zwei Moas im Harper Valley zu sehen, denn wir hatten gehört, dass sie in den meisten Teilen des Landes fast ausgerottet sind".*

Hatten die beiden Wanderer wirklich einen der seit über 200 Jahren ausgestorbenen Moas gesehen?

Am 20. Januar 1993 dann die nächste Sichtung durch 3 Neuseeländer, allesamt Kenner der einheimischen Tierwelt. In der selben Region, in der schon die zwei Deutschen einen Moa gesehen haben wollen, entdeckten sie einen großen „zottigen Vogel", der nach ihren Aussagen nur ein Moa gewesen sein kann.

Diese flugunfähigen Vögel existierten laut neuesten Erkenntnissen bereits auf dem Superkontinent Gondwana und lebten zusammen mit den Dinosauriern. Sie wurden bis vor kurzem noch in enge Verwandtschaft mit den Kiwis gestellt, was sich jedoch nach Gentests als falsch herausstellte. Der Moa gehört zur Familie der *Dinornithidae* und war je nach Art zwischen 100-300 cm groß. Es existieren auch Moa-Skelette die bis zu 3,50 m hoch sind, nur wurden diese gerne von den Museen aus "Sensationslust" durch zusätzliche Halswirbel in die Länge gestreckt. Dieser Betrug ist aber leicht zu entlarven, da auch der Moa wie jedes andere bekannte Tier nur 7 Halswirbel besitzt. Die männlichen Tiere waren hierbei um einiges größer als die Weibchen. Ihr Gewicht betrug etwa 250 kg, was die gigantischen Ausmaße der Moas nur unterstreicht. Der Hals wurde gebogen getragen, nicht hochgereckt, wie man es heute noch bei Nandus und Straußen sehen kann. Zudem hatte der Moa einen extrem kleinen Kopf und schwere dreizehige Beine. Er besitzt keine Flügelknochen und keinen Schwanzstiel. Die Federn sind ausgefranst, haben einen langen Nebenschaft und sind je nach Art anders gefärbt gewesen.

Das Gelege der Moas bestand meist aus zwei Eiern. Jedes dieser Eier hatte ein Gewicht von 500 - 7000 g und war extrem dünnschalig. Man kann die größten Eier mit einem Inhalt von 4,3 Litern berechnen, das entspricht etwa soviel wie 90 Hühnereiern.

Die bekanntesten Moa-Arten:

- Der Riesenmoa *(Dinornis maximus),* er erreichte eine Größe von bis zu 3,30 m.
- Der Elefantenfuß-Moa *(Pachyornis elephantopus),* dieser hatte extrem schwere Füße.
- Der Zwergmoa *(Megalapteryx hectori),* er war ungefähr so groß wie ein Truthahn.
- Der Kleine Moa *(Emeus crassus)*

Bei der Beschreibung der verschiedenen Moa-Arten gab es einige Verwirrungen, da an manchen Fundorten die Knochenreste verschiedener Moas durcheinander lagen. So kam es vor, dass nicht zusammengehörende Knochen zu einem einzigen Skelett zusammengesetzt wurden. Heute nehmen die Paläontologen jedoch an, dass diese Knochenfunde zu zwanzig bis siebenundzwanzig verschiedenen Arten gehören.

Von einer Moa-Art kennt man nicht nur die Knochen, sondern auch Hautstücke und Teile des Gefieders. Hierbei handelt es sich um den schlankfüßigen Zwergmoa, er hatte purpur-schwärzlich gefärbte Federn mit goldgelb-braunen Säumen.

Die Funde wurden in den verschiedensten Gebieten Neuseelands gemacht. Man fand die Knochen oft dicht nebeneinander in Sümpfen, Kalksteinhöhlen, aber auch an freiliegenden Sanddünen. Die Fundstellen lagen meist an der Erdoberfläche oder höchstens in 4 Meter Tiefe. In tieferen Gesteinsschichten wurden nur wenige Fossilien der Tiere gefunden.

Der Wissenschaftler *Alan Cooper* von der Oxford University und sein Team erforschen die DNA dieser Vögel, denn sie wollen beweisen, dass dieser Vogel schon auf dem sagenhaften Großkontinent Gondwana gelebt hat. Sie wollen dadurch auch neue Erkenntnisse über das Auseinanderbrechen des Kontinents erreichen, der vor ca. 200 Millionen Jahren existierte. Aber auch für das Klonen ausgestorbener Tiere wäre diese Forschung interessant.

Durch Knochenfunde in einer kalten und kalksteinreichen Höhle in Neuseeland konnte man Knochen eines Moa bergen, welche sehr gut konserviert waren und den Forschern ein fast perfektes Rohmaterial lieferten. Die Biologen benutzten zerstampftes Knochenmaterial des Moa und extrahierten Fragmente der mitrochondrialen DNA, jedes aus ca.17.000 Basenpaaren bestehend. Dann wurden die Knochen zerrieben, um die weitere Rest-DNA zu gewinnen, welche sich innerhalb der Zellen befindet. Diese Art DNA wird nur von der Mutter auf die Tochter weitergegeben und ist somit im Laufe der Jahrtausende kaum Veränderungen unterworfen. Die so erhaltene DNA mutiert mit einer konstanten Rate und kann somit als eine Art molekulare Uhr benutzt werden.

Zum Vergleich wurde der einst auf Madagaskar lebende Elefantenvogel und der heute noch lebende Emu herangezogen. Somit war es den Wissenschaftlern möglich, die gemeinsame Herkunft und auch den Zeitpunkt zu bestimmen, ab welchem Zeitpunkt sich ihre Evolutionslinien trennten und sie den Weg zu unterschiedlichen Arten einschlugen. Eine der wichtigsten Erkenntnisse aus dieser morphologischen Analyse ist, dass der Moa und der heute noch lebende Kiwi, welche immer noch als Verwandte angesehen wurden, nicht verwandt sind. Der Kiwi gehört eher zur Gattung des Emu und der Moa war eine eigenständige Art. Somit müsste man einige Stammbäume der Tiere neu zeichnen, da man sie nicht nach ihrem Aussehen, sondern nach ihren Genen, klassifizieren sollte. *Coopers* Erfolg ist bahnbrechend, meint auch der Experte *Hendrik Poinar* vom Max-Planck-Institut in Leipzig.

Durch Fossilienfunde weiß man, das flugunfähige Vögel ein wesentliches Element auf dem ehemaligen Kontinent Gondwana gewesen sein müssen. Durch die Erforschung der DNA kann man ersehen, in welcher Reihenfolge sich die heutigen Kontinente von Gondwana gelöst haben, was auch die isolierte Entwicklung der Vögel ermöglicht hat. Es gab zwei unterschiedliche Moa-Arten, welche erst später wieder als selbständige Arten zusammengeführt wurden, denn Neuseeland war einmal in zwei Teile gebrochen, hat sich aber dann wieder vereinigt, so *Dr. Cooper.* Die isolierte DNA der Moa's mit 17.000 Basenpaaren ist die längste Sequenz, die jemals von einer ausgestorbenen Tierart isoliert wurde. Dennoch hält es *Cooper* für unmöglich, diesen Laufvogel zu klonen. Das Problem besteht darin, dass die DNA meist schlecht erhalten ist und zusammenhängende Basenpaare sehr selten sind. Bei anderen Arten, von denen noch gut erhaltenes Gewebe oder genetische Verwandte existieren, wäre dies allerdings kein zu großes Problem, meint der Wissenschaftler. Der tasmanische Tiger und die Haarnasen-Beutelmaus sind dabei durch Klonen ihre Wiederauferstehung zu feiern die momentan besten Kandidaten. Bei Tieren, die seit Jahrhunderten schon von der Erdoberfläche verschwunden sind, so wie der Moa oder die Dronte (Dodo), ist das eher im Gebiet der Science Fiction anzusiedeln.

Der Moa war ein Pflanzenfresser der keine natürlichen Feinde in Neuseeland hatte. So hatte er nicht unter Raubtieren oder unter Nahrungswettbewerb zu leiden und konnte sich so über Jahrtausende entwickeln. An der Flora Neuseelands kann man heute noch die Spuren der jahrtausendelangen Herrschaft der Moas erkennen. Manche Büsche verstecken ihre Blätter und Früchte noch heute hinter spitzen Dornen, ab einer Höhe von drei Metern allerdings ist diese "Verteidigung" vorbei, also genau bis zu jener Höhe, in die ein Moa reichen konnte, waren die Büsche geschützt. Erst als die Menschen in Neuseeland auftauchten schwand die Zahl der Tiere rapide. Die Maoris jagten diesen Giganten gnadenlos wegen seines Fleisches, seiner Federn und der Eier. Vor etwa 200 Jahren wurde dann der letzte Moa erlegt, so erzählt die Geschichte. Doch was ist dran an den neusten Sichtungen? Könnte eine kleinwüchsige Moa-Art, wie am Anfang beschrieben, der Verfolgung des Menschen und eingeschleppter Tierarten entgangen sein und hat in unzugänglichen Gebieten Neuseelands überlebt? Könnte es Unkenntnis der beiden deutschen Wanderer sein, die etwas gesehen haben wollen, was seit 200 Jahren nicht mehr existiert? Aber wie lässt sich dann die Sichtung von 1993 von Neuseeländern erklären, welche die Moas kannten? Unter den Zeugen befand sich sogar eine Lehrerin. Es wird sich zeigen, ob diese beiden Sichtungen der Realität entsprechen oder nur ein schlechter Scherz waren, um Aufmerksamkeit zu erregen. Sollte es tatsächlich noch eine überlebende Moa-Art geben, so wird man diese früher oder später auffinden können.

Kongamato – Fliegender Dämon im Herzen Afrikas

Während der langen Herrschaft der Dinosaurier auf unserem Planeten gab es auch eine ganze Reihe an Flugsauriern, welche allgemeinhin als Pterosaurier bezeichnet werden. Ihr Vorkommen scheint aus Fossilienfunden in der Jura- und in der Kreidezeit besonders stark vertreten gewesen zu sein, bis diese vor etwa 65 Millionen Jahren mit den Sauriern bei einer kosmischen Katastrophe untergingen. Fast alle Fossilien wurden in ehemals marinen Gegenden gefunden, was darauf schließen lässt, dass sie Fischfresser waren und sich größtenteils an der Küste oder an Flussläufen aufgehalten haben. Diese Flugsaurier schafften es ganz ohne Federn auszukommen, ihre Flügel bestanden aus einer Membran, welche zwischen dem vierten Finger und ihrem Körper gespannt war. Sie hatten hohle, bewegliche Knochen und ein großes Brustbein, welches dafür nötig war, um die starken Flügelmuskeln zu halten. Diese starken Muskeln waren für den Flug dieser Tiere ungemein wichtig, da sie wie Vögel mit ihren Flügeln schlugen und nicht wie früher meist dargestellt reine Gleiter (Segelflieger) waren. Sie hatten wahrscheinlich eine Methode entwickelt, um ihre Körpertemperatur selbst zu steuern, da es sonst unmöglich für sie gewesen wäre, lange Strecken in der Luft unterwegs zu sein, ähnlich der Gigantothermie der Makrelenhaie. Einige Paläontologen vertreten zudem die Ansicht, das Pterosaurier auch warmblütig wie Säugetiere gewesen sein könnten, wofür es allerdings bislang keinen stichhaltigen Beweis gibt. In den Medien hat sich leider eingebürgert, dass man einen Pterosaurier immer mit gewaltigen Ausmaßen darstellt, jedoch waren die meisten Arten recht klein und erreichten Größen zwischen Tauben- und Adlerabmessungen. Es existierten natürlich auch die Giganten mit Spezies, deren Flügelspanne 8 Meter (Pterandon) oder sogar bis zu 18 Metern (Quetzalcoatlus) betrug. Manche Pterosaurier hatten sogar Fell, obwohl sie keinesfalls mit Säugetieren verwandt waren.

Wie bereits erwähnt, geht man davon aus, das Pterosaurier vor 65 Millionen Jahren gemeinsam mit den Dinosauriern von der Erde verschwanden. Doch gibt es immer wieder Berichte über Sichtungen von seltsamen fliegenden Wesen, welche von der Beschreibung her auf solche Flugsaurier passen könnten.

Im Jahre 1923 besuchte Frank H. Melland Sambia in Afrika und hörte von Einheimischen Geschichten über fleischfressende fliegende Ungeheuer. Die Ureinwohner nannten diese Kreatur Kongamato, was soviel wie "Überwältiger der Boote" bedeutet, und welche in den Jiundu-Sümpfen nahe der Grenzen zum Kongo und Angola leben solle. Sie beschrieben dieses Wesen als Kreatur mit einer Flügelspannweite zwischen 1,2 und 2,1 m, federlos mit glatter Haut und einem Schnabel voller Zähne. Der Kongamato wird meist rot oder schwarz beschrieben und wird besonders für Kanus gefährlich, welche er zum Kentern bringt. Jeder der ihn anschaut soll der baldige Tod ereilen. Melland zeigte den Eingeborenen Zeichnungen eines Pterosauriers, worauf er bemerkte: *„...erkannte jeder Eingeborene sofort und ohne zögern den Kongamato. Einer* *der Eingeborenen war ein Führer aus Jiundu Country, wo der Kongamato ja leben soll, und dazu ein ziemlich wilder Indianer."*

1925 war der englische Korrespondent G. Ward Price mit dem zukünftigen Duke Of Windsor in Rhodesien unterwegs, als er von einem Diener die Geschichte erzählt bekam, das einst ein tapferer Ureinwohner in die gefürchteten Sümpfe eingedrungen war um sie zu erforschen, obwohl diese als von Dämonen bewohnt galten. Als dieser Mann zurückkehrte, war er dem Tod nahe. Er hatte eine große klaffende Wunde auf seinem Rücken und berichtete von einem großen Vogel, welcher ihn mit seinem großen Schnabel attackiert hätte. Als der Diener dem Mann ein Buch über prähistorische Tiere zeigte, schrie der Ureinwohner auf und floh aus dem Haus des Dieners.

Im Jahre 1942 berichtete Colonel C.R.S. Pitman von Geschichten, die ihm von Ureinwohnern erzählt worden waren. Laut diesen Geschichten lebe in den undurchdringlichen Sümpfen von Nord-Rhodesien ein schreckliches fliegendes Tier, dessen Anblick wie eine Mischung aus Fledermaus und Vogel aussah und welches beim erblicken den sicheren Tod bedeuten würde. Es wurden Spuren des Tieres und auch Abdrücke des langen Schwanzes gefunden. Diese Berichte waren aber nicht nur auf Rhodesien begrenzt, sie kamen auch von anderen afrikanischen Gebieten, wie z.B. dem Berg Kilimandscharo oder dem Mount Kenya. Skeptiker behaupten immer wieder, dass diese phantastisch anmutenden Geschichten von Ureinwohnern verbreitet worden waren, welche bei paläontologischen Ausgrabungen in den Jahren vor dem ersten Weltkrieg geholfen hatten. Diese Ausgrabungen, bei denen Flugsaurier entdeckt wurden, fanden jedoch im 1400 Kilometer entfernten Tendagaru (Tansania) statt. Weshalb gab es aber keine Berichte von überlebenden Pterosauriern aus dieser Gegend, wo die Wahrscheinlichkeit einer solchen Legende viel höher wäre?

Der wahrscheinlich beste Bericht über überlebende Flugsaurier stammt jedoch nicht von Eingeborenen, sondern von weißen Entdeckern, welche im Auftrag des britischen Museums unterwegs waren. Von 1932 bis zum Jahr 1933 war die *Percy Sladen Expedition* in West-Afrika unterwegs. Ein Mitglied des Teams war Ivan T. Sanderson, ein Zoologe und Schriftsteller, welcher später oftmals mit Bernard Heuvelmans zusammenarbeitete und zu den Gründungsvätern der *International Society for Cryptozoology* gehörte. Während sie in den Assumbo-Bergen von Kamerun unterwegs waren, machten sie Halt in einem bewaldeten Tal nahe eines Flusses. Als man die Lagerstelle angelegt hatte, machte man sich auf den Weg um Nahrung zu beschaffen. Hierbei schoss Sanderson auf eine große früchtefressende Fledermaus, welche nach dem Treffer in den Fluss fiel. Sanderson machte sich vorsichtig auf den Weg, um seine Beute aus dem reißenden Fluss zu bergen, als er die Balance verlor und ins Wasser stürzte. Als er wieder auf zwei Beinen stand, rief ihm sein Gefährte plötzlich *„Pass auf!"* zu. Sanderson beschrieb die Situation wie folgt: *„Und ich passte auf. Dann stieß ich selbst einen Schrei aus und tauchte sofort unter Wasser, denn plötzlich kam ein schwarzes Ding von der Größe eines Adlers auf mich zugeflogen und verfehlte mich nur um wenige Zentimeter. Ich konnte nur einen* *kurzen Blick auf dieses Ding werfen, doch reichte er aus, um zu erkennen, dass sein Schnabel offen war und reihenweise spitze Zähne offenbarte. Als ich aus dem Wasser auftauchte, war es verschwunden. George schoss gerade zum zweiten Mal auf dieses Tier. Als wir beide uns in die Augen sahen, fragten wir uns beide gleichzeitig die selbe Frage: Wird es zurückkommen? Und kurz bevor es zu dunkel zum sehen wurde kam es zurück. Es flog über den Fluss und klapperte dabei mit seinem Schnabel. Jedesmal wenn es seine riesigen Dracula-ähnlichen Flügel bewegte, entstand dieses schreckliche Geräusch: Shs-shssing. Wir waren beide nicht als Wachen eingeteilt und hatten deshalb keine Waffen bei uns, als diese Brut sich auf George stürzte. Er duckte sich, das Tier flog über ihn hinweg und verschwand im Dunkel der Nacht.“*

Als Sanderson und George zum Camp zurückgekehrt waren, fragte Sanderson die Eingeborenen nach der Kreatur. Dazu breitete er seine Arme aus, deutete die Größe des Tieres an und sagte ihnen, dass das Tier schwarz sei. „Olitiau" war die Antwort und sie fragten Sanderson, wo er die Kreatur gesehen habe. Er deutete auf den Fluss, worauf die Eingeborenen voller Angst in die entgegengesetzte Richtung flohen. Sie nahmen nur ihre Gewehre mit sich und ließen alle ihre Wertsachen liegen.

Nun kann man in Erwägung ziehen, dass dieses Wesen, welches Sanderson und George attackiert hatte, von der gleichen Spezies war, wie die Fledermaus die Sanderson geschossen hatte, was aber sehr unwahrscheinlich erscheint, da früchtefressende Fledermäuse, besser als Flughunde bekannt, keine Menschen oder andere Tiere angreifen. Sanderson, ein international bekannter und respektierter Zoologe, sagte auch immer wieder deutlich, dass er dieses Wesen nicht erkannt hätte. Früchtefressende Fledermäuse sind gelb oder braun, jene von Sanderson beschriebene Kreatur war aber schwarz. Trotzdem beschrieb er sie als Fledermaus.

1956 fuhr der Ingenieur J. P. F. Brown in Sambia den Luapula River in Richtung Salisbury entlang. Er kam aus Kasenga in Zaire. Um 18 Uhr hielt er an einem Ort namens Fort Rosebery westlich vom Lake Bangweulu an, um eine kurze Pause einzulegen. Plötzlich entdeckte er zwei Kreaturen, die ruhig über ihn hinwegflogen. Er beobachtete sie eine längere Zeit und machte dabei folgende Feststellung: Sie sahen prähistorisch aus, ihre Flügelspanne betrug etwa 1 Meter und sie hatten einen langen dünnen Schwanz sowie einen schmalen Kopf, welcher an eine verlängerte Hundeschnauze erinnerte. Als einer der beiden „Vögel" seinen Schnabel öffnete, offenbarte er eine Menge spitzer Zähne. Von Kopf bis Schwanzende schätzte er die Kreaturen auf etwa 1,5 m Länge. Nachdem sein Bericht veröffentlicht wurde, trat auch das Ehepaar Gregor an die Öffentlichkeit. Sie hatten knapp 1 m lange „fliegende Eidechsen" in Süd-Rhodesien gesehen. Auch ein Dr. J. Blake-Thompson hatte von Angehörigen des Awemba-Stammes etwas ähnliches erzählt bekommen. Diese berichteten ihm von riesenhaften, rattenähnlichen fliegenden Kreaturen, welche Menschen angreifen. Diese Kreaturen würden in den Kliffhöhlen nahe der Quelle des großen Sambesi-Flusses leben.

1957 kam ein Patient mit schweren Brustverletzungen ins Krankenhaus von Fort Roseberry, dem gleichen Ort an dem J.P.F. Brown ein Jahr zuvor seltsame fliegende Kreaturen gesehen hatte. Auf die Frage der Ärzte, was denn geschehen sei, antwortete der Eingeborene, dass er in den Bangweulu-Sümpfen von einem großen Vogel angegriffen worden war. Die Ärzte baten ihn eine Zeichnung des großen Vogels anzufertigen, worauf er ihnen eine Skizze zeichnete, welche ein Wesen zeigte, welches an einen Pterosaurier erinnerte.

Kurz danach wurde das Sambesi-Tal geflutet, da der Damm des "Kariba Dam Hydroelectric Project" fertiggestellt wurde. Der Daily Telegraph Korrespondent Ian Colvin war vor Ort und er schoss ein Foto, dessen Echtheit bezweifelt werden kann und welches einen Pterosaurier zeigt. Im Internet kursiert ein Bild, welches dieses angebliche Foto darstellen soll, welches jedoch nur einen verschwommenen Auszug aus einem Gemälde von Zdenek Burian zeigt, auf welchem ein Pterosaurier einen Fisch fallen lässt.

Berichte von prähistorisch aussehenden fliegenden Wesen sind aber nicht nur auf fast unbevölkerte Sumpfgebiete beschränkt. Es gibt auch Berichte von fliegenden Eidechsen aus der Wüste von Namibia. 1988 führte Professor Roy Mackal eine Expedition nach Namibia, von wo Berichte über fliegende Ungeheuer auftauchten, welche durch die Luft gleiten. Obwohl die Expedition keinerlei brauchbare Beweise hervorbrachte, gelang es dem Teilnehmer James Kosi die Kreatur aus einer Entfernung von 300 Metern zu beobachten. Er beschrieb sie als schwarz mit weißen Streifen.

Diese und viele weitere Berichte beschreiben Wesen, welche wie jene ausgestorbenen Flugsaurier aussehen. Doch wenn alle Pterosaurier vor etwa 65 Millionen Jahren ausstarben, um was kann es sich dann bei diesen Wesen handeln?

Es gibt durchaus mindestens zwei Vogelspezies, welche in den Sumpfgebieten Sambias leben und möglicherweise mit einem Pterosaurier verwechselt werden könnten. Dies vor allem in der Nacht oder in der Dämmerung. Der Schuhschnabel-Storch ist ein dunkelfarbiger Vogel mit einer Flügelspannweite von etwa 2,4 m und einem recht prähistorischen Aussehen. Diese Vögel sind leider recht selten geworden und können nur noch in den Tiefen der Sümpfe Sambias und der Nachbarländer angetroffen werden. Es gibt aber keinerlei Berichte darüber, dass diese Vögel aggressiv gegen Menschen vorgehen. Tatsächlich sind dies sehr behäbige Vögel, die sich nur sehr langsam bewegen und viel eher vor dem Menschen die Flucht ergreifen. Sie haben große Schnäbel, welche ihnen den Namen gaben, die jedoch nicht spitz zulaufend und zahnlos sind. Es gibt zudem keine bekannten Vögel, welche überhaupt Zähne besitzen. Ein ähnlicher Vogel, der in dieser Gegend lebt, ist der Sattelschnabel-Storch. Dieser große Vogel besitzt eine Flügelspannweite von bis zu 2,5 m, ein langen roten Schnabel mit einem schwarzen Streifen. Im Gesicht zeigt sich noch ein gelber Fleck, der orange umstreift ist. Dieser Storch ist sonst größtenteils schwarz und weiß mit einem schwarzen Kopf. Seine Füße sind rot und federlos, sowie sein Schnabel lang und spitz zulaufend ist. Es ist zwar recht unwahrscheinlich diesen Vogel mit einem Pterosaurier zu verwechseln, aber die Form des Schnabels ist dem eines Pterosauriers recht ähnlich. Zudem könnte ein aggressives Tier dieser Art durchaus einen Menschen mit seinem Schnabel verletzen. Jedoch sind weder der Schuhschnabel- noch der Sattelschnabel-Storch leicht mit einem Pterosaurier zu verwechseln. In einigen Fällen kann man eventuell diese beiden Vögel im Flug mit einem Flugsaurier verwechselt haben, besonders in der Dämmerung kann hier ein falscher Eindruck entstanden sein. Doch scheint es recht unwahrscheinlich, dass man alle Berichte über diese fliegenden Wesen solchen Verwechslungen zuschreiben kann.

Ob es nun tatsächlich noch eine moderne Form der Pterosaurier geben sollte oder nicht, ist bis heute wissenschaftlich nicht belegt. Auch fehlen stichfeste Beweise um die Existenz dieser Wesen zu belegen oder ins Reich der Fabelwesen einzustufen. Fakt sind eine ziemlich große Anzahl an Zeugenberichten, teilweise von anerkannten und als sehr glaubwürdig eingestuften Personen. In wie weit man die Existenz des Kongamato letztendlich als eigene Spezies, ähnlich einem Pterosaurier, einstufen kann, oder als reinen Mythos und Legenden, müssen erst weitere Forschungen ergründen.

Critters – Am Himmel lebende Lebewesen?

Dieses Thema ist ein ziemlicher Grenzbereich der Kryptozoologie und geht sehr extrem in den Bereich der *Forteanischen Zoologie* über, wobei die *Forteanische Zoologie* versucht, Wesen wie den Chupacabras oder den Mottenmann direkt mit paranormalen Phänomenen in Einklang zu bringen. Dennoch bietet dieses Thema einen gewissen kryptozoologischen Hintergrund.

Viele Erscheinungen vermeintlicher UFOs beruhen einfach auf Verwechslungen von bestimmten irdischen oder astronomischen Objekten, wie etwa Wetterballone, dem Planeten Venus, reflektierendem Nebel oder Wolkenbildungen, Leuchtsignalen, Vogel- oder sogar Insektenschwärmen, welche Licht reflektierten, bis hin zu bikonvexen Wolken, welche wie fliegende Untertassen aussehen. Kondensstreifen, Meteoriten oder tief fliegende Flugzeuge sind weitere Kandidaten auf der Liste der Erklärungen. Viele dieser Objekte gleichen wahrhaftig auf den ersten Blick einer *Fliegenden Untertasse*. Andere Erscheinungen am Himmel sind nicht so leicht zu klären und gehen oftmals soweit, dass man sogenannte Nahbegegnungen mit solchen Objekten hat. So ist es nicht verwerflich, dass diese Menschen der festen Überzeugung sind, es handele sich um ein mit außerirdischen Lebewesen besetztes Raumschiff.

Was aber wenn es weder ein Raumschiff oder eines dieser irdischen Möglichkeiten ist, sondern ein bisher unentdecktes Lebewesen, welches auf unserem Planeten lebt? Forscher in Nordamerika haben diese faszinierende Möglichkeit für die recht häufigen Sichtungen unbekannter Flugobjekte in Erwägung gezogen. Es gibt nur wenige ökologische Nischen am Land oder im Wasser, welche nicht von Lebewesen eingenommen werden, welche dem jeweiligen Lebensraum perfekt angepasst sind. Doch wie sieht es in der Atmosphäre aus? Der Luftraum wird im Grunde nur von Vögeln und Insekten genutzt, aber es gibt kein einziges Lebewesen, welches sein gesamtes Leben in der Luft verbringt und sich dem Lebensraum der Atmosphäre, welche die Erde umgibt, direkt angepasst hat. Oder existiert vielleicht doch solch ein Wesen und wir wissen von dessen Existenz auf unserem Planeten rein garnichts?

Wie bekannt, ist der Begriff *Fliegende Untertasse* von einem Reporter geprägt, welcher von einer Erscheinung berichtetet, die *Kenneth Arnold,* ein Geschäftsmann aus Idaho, am 24.Juni 1947 in der Nähe des Mount Rainier im amerikanischen Bundesstaat Washington gesehen hatte, während er mit seinem Flugzeug über das Gebiet flog. Er sah neun flache fliegende Objekte, welche er wie zwei zusammengeklappte Untertassen beschrieb, worauf letztendlich jener Mythos um die fliegenden Untertassen entstand. Weniger bekannt ist, das *Kenneth Arnold* diese Objekte als lebende Organismen ansah und meinte, sie sähen wie fliegende Quallen aus.

Einen Monat später legte *John P. Bessor* aus St.Thomas im Bundesstaat Pennsylvania der amerikanischen Luftwaffe eine ähnliche Theorie vor, welche er 1946 entwickelt hatte. Die U.S. Air Force beantwortete *Bessor's* Schreiben mit den Worten: *"Eine der intelligentesten Theorien, von denen wir gehört haben."*

Die Idee der „Atmosphärischen Wesen" wurde 1955 in den USA durch die Publikation einer genauen Bewertung dieser Vorstellung durch die liberal denkende Gräfin *Zoe Wassilko-Serecki* unterstützt. Sie vermutete, dass die gesamte obere Erdatmosphäre von riesigen blasenförmigen Lebewesen mit glühenden Körpern bevölkert sei, welche aus Energie und einem festen Kern zusammengesetzt wären. Diese Wesen sollten in der Lage sein ihr Aussehen willkürlich verändern und dabei jede Form annehmen zu können. Als nichtkörperliche Wesen absorbieren sie dabei Energie aus der Atmosphäre und anderen Quellen. Nachdem dieses Werk erschienen war, wurden sehr viele UFO's und Flugkörper gesehen, welche an die von der Gräfin angekündigten *Atmosphärischen Wesen* erinnerten. Zusätzlich wurde ihre Theorie von dem Zoologen *Ivan T. Sanderson,* einem der berühmtesten Erforscher mysteriöser Erscheinungen, unterstützt. In den frühen 1960er Jahren verglich *John M. Cage* aus New Jersey, Wissenschaftler und Erfinder des Hydrophons, Delfine die Schiffen folgten mit UFO's die Flugzeugen folgten, und er stellte die These auf, dass es sich dabei tatsächlich um intelligente Lebensformen handelt, welche sich von negativer Elektrizität ernähren.

Trevor James Constable, ein Funker der amerikanischen Handelsmarine, veröffentlichte seine Forschungsergebnisse zu dieser Thematik im Jahre 1978 mit dem Titel *"Sky Creatures".* Constable meint, einige der gesichteten UFO's seien tatsächlich riesige, unentdeckte ursprüngliche Lebensformen, welche ausschließlich in der Erdatmosphäre leben und sich diesem Lebensraum vollständig angepasst haben. Er nannte diese speziell angepassten Wesen *"Critters".* In seiner Theorie beschrieb er diese wie Einzeller, ähnlich Amöben, welche außen von einer Glimmer- oder Metallschicht umgeben sind und von unterschiedlicher Größe sein können. Manche sollen eine Größe von bis zu 1000 m erreichen können, andere hingegen nur wenige Zentimeter groß sein. Laut *Constable* sind diese nur selten zu sehen, da sie Infrarotlicht reflektieren, welches für das menschliche Auge unsichtbar ist. Unter gewissen Bedingungen wechseln sie jedoch ihre Farbe und reflektieren auch sichtbares Licht, wodurch sie im Auge des Betrachters für UFO's gehalten werden. Laut dieser These kann man sie mit einem Infrarotfilm und einem speziellen Filter fotografieren. Diese Theorie ist derart radikal, dass sie von vielen konservativeren Wissenschaftlern zurückgewiesen wird.

Ein führender Biologe des amerikanischen Militärs auf dem Luftwaffenstützpunkt Wright-Patterson in Dayton (Ohio), wo sich die amtliche Stelle für UFO-Forschungen befindet, meldete anonym folgende Aussage: *„Wenn man einen Stein ins Wasser wirft, sieht man die Wassertiere, die Nymphen, Krebse, Elritzen und andere Wasserinsekten voll Schreck auseinanderstieben. Doch noch bevor sich das Wasser geglättet hat kommen sie zurück* *und untersuchen voller Neugier was geschehen ist. Vielleicht haben Ereignisse auf der Erde, etwa Nuklearexplosionen, Raketenflüge in die Stratosphäre und so weiter, dieselbe Wirkung wie ein Stein der ins Wasser geworfen wird. Sie stören die Stratosphäre, vielleicht entsteht sogar eine Bewegung im All. Und die Atmosphärischen Wesen, die das All bevölkern, kommen voll Neugier um festzustellen was geschehen ist. Als Zoologe war ich immer verwundert dass es auf unserem Planeten keine Wesen gibt, die ausschließlich in der Luft leben, vor allem weil die Evolution jedes andere Element mit Leben bevölkert hat."*

Doch ist diese Aussage als Bestätigung für die Existenz solcher Wesen zu sehen? Werden Erkenntnisse über solche Kreaturen bewusst zurückgehalten? Neben diesen Theorien existiert jedoch kein einziger Beweis für die tatsächliche Existenz dieser Wesen. Man kennt keine Kadaverfunde solcher Wesen, was aber nicht weiter verwunderlich wäre, falls diese aus Energie bestehen, denn nach deren Tod würde sich die Energie verteilen und keinen Körper zurücklassen. Eine Zuordnung über Fotografien ist als Beweis für eine Richtigkeit dieser Thematik sehr schwer, obwohl es genügend Aufnahmen mit seltsamen und unbekannten Objekten am Himmel gibt. Doch ohne eine genauere Untersuchung eines solchen Wesens fehlt ein Beweis, der diese Thesen um die "Critters" untermauern könnte.

In den Tagen des Zweiten Weltkrieges berichteten Piloten immer wieder von kleinen Lichtkugeln und anderen Objekten, welche ihr Flugzeuge umkreisten. Amerikanische Piloten nannten diese Erscheinungen „Foo-Fighters", hielten diese jedoch für eine Geheimwaffe der Kriegsgegner. Deutsche und andere Piloten kannten ebenfalls solche Erscheinungen, hielten diese aber ebenfalls für eine Geheimwaffe der alliierten Kriegsgegner. Wurden etwa „Critters" von den Kampfflugzeugen und deren elektrostatischer Aufladung durch die Propellerreibung in der Luft angezogen?

Es gibt auch genügend Beschreibungen und Aufnahmen von solchen Objekten, welche auch in der modernen Zeit immer wieder Flugzeuge umkreisen, so z.B. eine Aufnahme, in welcher eine Art kleine Scheibe immer wieder um den Rumpf der überschallschnellen Concorde herumfliegt. Solch kleine Objekte werden heute gemeinhin einfach als „Telemeterscheiben" beschrieben, obwohl man deren Herkunft nicht erklären kann.

Eine weitere Theorie geht davon aus, dass sich die „Critters" in der Dunkelheit oftmals dem Erdboden nähern, was zu vermehrten UFO-Sichtungen über dem Boden führen soll. Hierbei sollte man ebenfalls erwähnen, dass diese Wesen eventuell sogar Auslöser für so manche Kornkreisphänomene sein könnten, indem diese bei ihrer Annäherung an den Boden diverse Abdrücke hinterlassen. Sollten diese Wesen tatsächlich aus Energie bestehen, so würde dies auch diverse Strahlenverbrennungen erklären, welche oftmals an Zeugen naher UFO-Begegnungen auftreten.

Eine eher wahrscheinliche Möglichkeit für diese „Critters“ wäre aber auch, dass sich in der Atmosphäre dichte Wolken von Bakterien befinden, welche sich von diversen chemischen Stoffen in den oberen Atmosphärenschichten ernähren, ähnlich jenen Bakterien, welche in dichten Wolken an den Mineralschloten im Meer leben. Auch aus Binnengewässern, wie dem Toplitzsee im Salzkammergut, kennt man solch dichte Bakterienwolken, welche im sauerstofflosen und mit giftigen Kohlewasserstoffen durchsetzen Wasser leben und verschiedene chemische Verbindungen als Nahrung nutzen.

Ob diese Critters nun tatsächlich existieren oder nur eine fehlinterpretation einiger Daten sind, bleibt auch weiterhin umstritten. Zumindest solange bis man diese Theorie eindeutig beweisen oder widerlegen kann. In der Theorie lässt sich die Präsenz solcher Wesen durchaus erklären, einzig physikalische Beweise, welche mehr als nur Indizien sind, fehlen gänzlich.

Auf der Spur verborgener Vogelwesen

Diese Liste von mysteriösen Vogelwesen und fliegenden kryptiden Wesen ließe sich beliebig erweitern, besonders auch in bezug auf die Suche nach bislang ausgestorbenen Vogelarten. Allen voran wird wohl jedem Leser der Name „Dodo“ oder „Dronte“ bekannt sein, einer flugunfähigen Taube, welche durch Seefahrer innerhalb weniger Jahre ausgerottet wurde.

Durch die stetige Zerstörung von Lebensräumen sterben immer mehr Vogelarten aus, seien es nun bunte Tropenvögel, Raubvögel, Singvögel oder Nachtpapageien. Eine der wichtigsten Rollen der Kryptozoologie ist die Suche nach eventuellen überlebenden solcher vom Menschen ausgerotteter Arten. Hierbei wurden im 20. Jahrhundert einige der großen Erfolge der Kryptozoologie erzielt. So wurde der als ausgestorben geltende Edwardsfasan mehrfach wiederentdeckt, oder im Jahre 1988 wurde der Madagaskar-Schlangenadler wiederentdeckt, welcher seit 1930 als ausgerottet galt. Im Jahre 1997 erfolgte die Wiederentdeckung des ausgestorben geltenden indischen Bändersteinkauzes.

Eine der aktuellsten Entdeckungen fand im August des Jahres 2002 statt. Einer der seltensten Vögel der Welt, der Papagei *Hapalopsittaca fuertesi,* ist nach 91 Jahren erstmals wieder eindeutig nachgewiesen worden. Eine Gruppe kolumbianischer Biologen stieß in den Anden auf den Vogel. Seine Existenz war 1911 durch amerikanische Forscher belegt worden, doch seit diesem Zeitpunkt wurden keine Exemplare mehr gesichtet. Bereits im Jahr 1989 wollten Forscher die Papageien gesehen haben, konnten dies aber nicht belegen. 2002 gelang es erstmals, die seltenen Vögel zu fotografieren und zu filmen. Man konnte eine Gruppe von 14 Papageien ausfindig machen. Die hellgrünen Vögel tragen auffällig rot und blau gefärbte

Schwingen, sowie einen blauen Fleck auf dem Kopf. Sie leben in der Paramo-Region der kolumbianischen Anden in etwa 3.000 Metern Höhe.

Im August des Jahres 2001 haben Jäger auf der nordwestlich von Neuguinea gelegenen Insel Waigeo ein Buschhuhn geschossen und verzehrt, das seit sechzig Jahren als ausgestorben galt. Holländische Forscher haben bestätigt, dass es sich um den Hühnervogel *Aepypodius Bruijnii* handelt. Eine Suche nach weiteren Vögeln dieser Art blieb bisher jedoch erfolglos. Nachdem von dem Vogel nur noch der Kopf und einige Knochen übrig waren, erkannte einer der Anwesenden, dass es sich um einen vermissten Vogel handelte. Er legte den Kopf und die Knochen in Formaldehyd ein und sandte diese an Ornithologen in Holland. *„Wir freuen uns, dass diese Art wiedergefunden wurde, auch wenn dieser eine Vogel wahrscheinlich nicht so glücklich darüber ist",* erklärte *Keith Howman,* Präsident der Welt-Fasan-Vereinigung, die sich um den Schutz bedrohter Hühnervögel bemüht.

Zudem kommen noch eine ganze Reihe von Vogelentdeckungen, welche der Zoologie entgangen waren, die aber bereits beschrieben wurden. Einige davon sogar in Museen, andere in den verschiedensten Lebensräumen, wie Wüstengebieten oder Dschungelregionen, welche durchaus vom Menschen recht gut erforscht sind, dennoch verbergen sich dort etliche Lebewesen, die sich vor unserer Entdeckung verbergen. Selbst in einer Großstadt wie Paris, London oder New York wurden noch bislang unentdeckte Unterarten von Vögeln entdeckt, mit welchen der Mensch seit jeher zusammenlebt. Aber eine Aufzählung solcher Entdeckungen würde den Rahmen dieses Buches sprengen, da sich dahinter interessante Geschichten verbergen.

Landlebende Kryptide

Shunka Warak'in

Gegen Ende des 19. Jahrhunderts ließ sich eine gewisse Familie Hutchins in dem US-Bundesstaat Montana an einem Ufer des Madison River's in West Fork, Broadwater County, nieder. Die Hutchins sollten schon bald Bekanntschaft mit einem mysteriösen Wesen machen, welches bis zu jenem Zeitpunkt nur der indianischen Urbevölkerung der Region vertraut war, dem sogenannten *Shunka Warak'in*. Eines Wintermorgens wurde der Großvater der Familie vom Bellen der Hunde geweckt. Er ging davon aus, dass sich Wölfe oder Kojoten in der Nähe befanden um Vieh zu reißen. Also griff er nach seiner Flinte, stürmte ins Freie und überraschte ein großes dunkles wolfsähnliches Tier bei der Jagd auf die Gänse der Familie. Er verfehlte das Tier mit seinem Schuss nur knapp, worauf es sofort floh. In der darauffolgenden Zeit wurde die Bestie immer wieder in der Gegend um die Ranch der Hutchins gesichtet. Diejenigen, welche die Kreatur genauer zu Gesicht bekamen, beschrieben sie als dunkel, fast schwarz, mit hohen Schultern und einem Rücken, welcher sich nach hinten zulaufend absenkte, ähnlich einer Hyäne. Nach einiger Zeit, es war bereits Januar, wurde die Bestie vom Großvater der Hutchins erschossen und ihr lebloser Körper an einen Mann namens Joseph Sherwood verkauft, welcher eine Art von Heimatmuseum in Idaho besaß, und die Kreatur ausstopfen ließ und ausstellte. Er gab dem Wesen den Namen *Ringdocus*.

Danach verlor sich die Spur jedoch im Laufe der Zeit. Erst 1977 nahm sich Ph. D. Ross Hutchins des „Ringdocus“ in seinem Buch *"Trails to Nature's Mysteries: The Life of a Working Naturalist"* an. Der Zoologe spekulierte, dass es sich möglicherweise um eine aus einem Zirkus entlaufene Hyäne handeln könnte. Der nächste Zirkus, so merkt er jedoch zugleich an, war zu diesem Zeitpunkt hunderte von Meilen entfernt. Der Wissenschaftler sandte daher eine detaillierte Beschreibung an das renommierte Smithsonian-Institut, doch auch von den dortigen Experten konnte es nicht näher identifiziert werden. Alles was blieb, war ein schwarzweißes Foto des ausgestellten unidentifizierten Tieres mit der wissenschaftlich-klingenden Beschriftung "Guyasticutus", der Name einer mythischen Kreatur, die von Schaustellern erfunden wurde um das Publikum anzulocken.

Im Jahre 1995 machte ein Indianer vom Stamm der Ioway namens Lance Foster den bekannten Kryptozoologen Loren Coleman auf das Tier aufmerksam und ließ ihn wissen, dass sein Stamm seit langer Zeit über dieses Tier Bescheid wisse und dass der indianische Name des Tieres *Shunka Warak'in* laute, was soviel wie „Hundemörder“ bedeutet. Coleman spekulierte, dass es sich bei diesem Wesen wohl um einen Überlebenden einer prähistorischen Spezies namens *Borophagus* handeln könnte, stellte jedoch noch eine zweite Theorie auf, wonach das *Shunka Warak'in* zur prähistorischen Spezies der *Hyaenodon montanus* zu zählen sei. Bei *Hyaenodon montanus* handelt es sich um ein besonders leicht gebautes Mitglied der Untergruppe *Neohyaenodon* der Neuwelt-Gruppe dieser Tierfamilie. Leider war eine exakte Untersuchung des ausgestopften Kadavers nicht mehr möglich, da dieser im Laufe der Zeit verschwand und nicht wieder aufgefunden wurde. Alles was von diesem geschossenen Wesen blieb war eine alte Fotografie des ausgestellten Kadavers.

Sollte es sich tatsächlich um eine überlebende Art von vorzeitlichen Hyaenodonten handeln, welche spätestens seit der letzten Eiszeit als ausgestorben gelten? Auf alle Fälle bieten die großen Waldgebiete von Montana ein recht gutes Rückzugsgebiet für Tiere, da dort selten Menschen auftreten. Wenn es sich um in der Regel scheue Tiere handelt, wovon auszugehen ist, dann gehen diese den Menschen aus dem Wege, sofern diese dort erscheinen. Trotzdem gibt es immer wieder Sichtungsberichte von solchen Wesen, deren Beschreibung auf das *Shunka Warak'in* zu passen scheinen. Da der einzig belegte Kadaver leider verschwand, ging somit auch der einzig wissenschaftlich belegbare Beweis für die Existenz des *Shunka Warak'in* verloren.

Zumindest bis zum November der Jahres 2007, denn 121 Jahre nachdem das Tier geschossen wurde, wurde ein sensationeller Fund im Lager der Sammlung des kleinen *Idaho Museum of Natural History* in Pocatello (Idaho / USA) gemacht, als Jack Kirby, der Enkel des Schützen, der Geschichte um diese Kreatur nachging und zufällig über eine Beschreibung in einem Zeitungsartikel zu Halloween stolperte. Er ist der Überzeugung, dass es sich bei diesem Präparat um jenes von seinem Großvater geschossene Tier handelt, da eine gewisse Ähnlichkeit mit der alten Aufnahme vorliegt.

Allerdings soll dieses Präparat laut Geschichte von einem ganz anderen Schützen erlegt worden sein. Pete Marx, welcher heute in Chester lebt, gab zu diesem Präparat während eines Interviews im Jahre 2003 folgende Geschichte zu Protokoll: In den späten 1930er Jahren machte in den Hügeln um den Henry's Lake und den Reynolds-Pass eine Bestie die Gegend unsicher, die dafür verantwortlich gemacht wurde 30 bis 40 Rinder getötet zu haben. Wölfe oder Kojoten schloss man aus, da die Bestie ihre Beute durch einen Biss in die Kehle anfiel und tötete, anstatt in die Flanken oder in die Kniesehnen zu beißen. Die Spuren konnte man leider nicht zuordnen, niemand erlangte überhaupt einen guten Blick im Tageslicht auf dieses Tier. Zu dieser Zeit lebte auch ein Mann namens Heini Schooster in der Gegend, der zwar an einer Krankheit litt die seine Hände zittern ließ, der aber dennoch ein äußerst guter Schütze war. Irgendwann nach 1948 begegnete Schooster der Bestie, die gerade ein Kalb am Nacken gepackt hatte und zu Boden warf. Das Raubtier war schnell, doch nicht schnell genug für Schooster und sein Gewehr vom Kaliber 32. Das tote Tier sah aus wie eine Kreuzung zwischen Wolf und Hyäne, es hatte lange Vorderbeine und große Zähne. Zur Identifikation wurde es an das Bozeman-College gesandt, wo man es den Erzählungen nach ebenfalls nicht bestimmen konnte. Und hier schließt sich der Kreis zum Tier von Hutchins, denn letztlich bekam Joseph Sherwood das Tier und stand in einem Glaskasten an der Eingangstür seines Museums und erhielt die Bezeichnung „Sherwood-Bestie".

Für das *Island Park Historical Society Board* und Einwohner des Gebietes in Idaho ist somit klar, dass es sich bei dem ausgestopften Tier nicht um den „Ringdocus“ von Hutchins, sondern um die „Sherwood-Bestie“ von Schooster handelt.

Sollte es sich bei diesem Präparat tatsächlich um ein zweites Tier handeln, welches dem von Hutchins erlegten Tier ähnelt, und welches dem legendären indianischen *Shunka Warak'in* laut den Beschreibungen entspricht, würde sich hier eine interessante Spur auftun. Weiteres werden aber erst zukünftige Untersuchungen zeigen können.

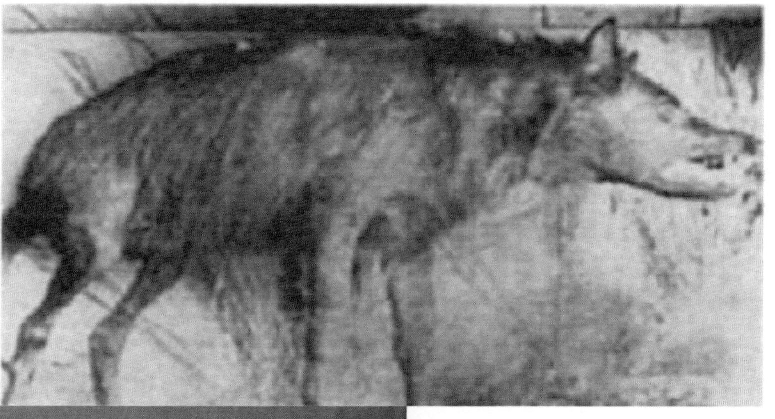

oben:
Das von Hutchins erlegte Ringdocus

links:
Jack Kirby posiert neben dem Fundstück, in der Hand hält er die Flinte seines Großvaters

Der Beutelwolf

Tasmanien, rund 650.000 Quadratmeter fast unberührte Natur südlich von Australien. Wir begeben uns auf die Suche nach einer ausgestorbenen Legende. Wird man ihn jemals finden, den *Tasmanischen Tiger* oder *Beutelwolf*? Immer wieder findet man unidentifizierbare Pfotenabdrücke und hellbraune Fellbüschel. Oft wird von einem hundeähnlichen kleinen Tier berichtet, welches meist nur als Schatten wahrgenommen wird, bevor es wieder verschwindet.

1945 fand man im Westen der Insel Tasmanien ungewöhnliche Pfotenabdrücke, doch niemand konnte sagen zu welchem Tier sie gehörten. Am 9. Oktober 1957 fand man angeblich ein Schaf, dessen Brustkorb und Hals regelrecht zerrissen waren. Ein Anzeichen, welches man aus alten Berichten über den legendären Beutelwolf kannte. Am 25. Januar 1995 meldete ein Wildhüter eine ungewöhnliche Sichtung an der Ostküste Tasmaniens. Er behauptete, eine hundegroße Kreatur mit braunem Fell und Streifen gesehen zu haben.

Der Tasmanische Tiger hat viele Namen, wie Beutelwolf, Streifenhund oder auch Zebrawolf, da er eine sehr auffällige Zeichnung hatte. Mit all diesen Namen liegt man aber eigentlich falsch, denn der Tasmanische Tiger heißt mit seiner zoologischen Bezeichnung *Thylacinus cynocephalus*, was auf deutsch soviel wie *Hundsköpfiger Beutler* oder auch *Hundsköpfiges Beuteltier* bedeutet. Er hat weder eine direkte Artverwandtschaft mit Hunden und schon gar nicht mit Katzen. Der Name Tiger hat sich im englischsprachigen Raum eingeprägt und so trägt er ihn auch heute noch. Sein Aussehen sieht auf den ersten Blick wie ein seltsam gestromter Hund aus, mit 13 bis 19 dunkelbraunen Bändern im hellbraunen bis fuchsfarbenen Fell auf dem Rücken. Doch er hat einige anatomische Eigenheiten, welche ein Hundeartiger nicht besitzt. Seine Größe wird von Fuchsgroß bis zur Größe eines Schäferhundes beschrieben. Man rechnet aber mit einer ungefähren Schulterhöhe von 58 cm und einer Länge von bis zu

180 cm, welche von der Nasenspitze bis zum Schwanzende reicht. Die Augen des Beutelwolfes waren für Raubtiere absolut untypisch. Sie waren von sehr dunkler Farbe und wurden von Menschen, welche diese Tiere noch gesehen haben, sogar als sanft beschrieben. Der Kopf war langgestreckt und hatte sehr kleine dreieckige Ohren.

Der Wurf der Beutelwölfe lag bei zwei bis vier Jungtieren, welche wie bei Beuteltieren üblich in einigen Zeitabständen geboren wurden und im Beutel der Mutter aufwuchsen, in welchem sich zwei Milchzitzen befanden. Eine weitere Besonderheit war auch der Schwanz des Beutelwolfes. Dieser erlaubte ihm nicht ein Wedeln wie bei Hunden, sondern nur die vertikale Bewegung des Schwanzes, ähnlich dem Känguru. Seine extrem gewinkelten Hinterläufe erlaubten ihm keine Sprintjagd, wie z.B. dem Wolf, man muss heute annehmen, dass er in gemächlichem Trab jagte und nicht, wie oft beschrieben, mit extremer Geschwindigkeit. Seine vornehmliche Beute bestand aus Kängurus, Vögeln und Kleinsäugetieren. Nachdem der Mensch auch in Tasmanien siedelte, kamen noch Schafe und Ziegen hinzu, welche eine leichte Beute für den Beutelwolf darstellten.

Der letzte in Gefangenschaft lebende Beutelwolf starb am 7.Dezember 1936 im Beaumaris-Zoo von Hobard. Zu dieser Zeit dachte man noch, man bräuchte nur auf die Jagd zu gehen und einen neuen Vertreter seiner Art für den Zoo einzufangen. Mit dem Tod des Beutelwolfes "Benjamin" verschwand das letzte bekannte Exemplar dieses Tieres von dieser Erde.

Beuteltiere leben heute vorwiegend in Australien. Die wohl bekanntesten Vertreter dieser Gattung sind Känguru, Koalabär und Schnabeltier. Beuteltiere lebten im Tertiär allerdings sogar in Europa, nur die Vormacht der moderneren Säugetiere machte dem Leben der Beutler in unseren Breiten ein Ende. Auf dem australischen Festland starb der Beutelwolf schon vor etwa 2000-4000 Jahren aus, und viele Forscher schreiben das Aussterben dem Erscheinen der Aboriginies (Ureinwohner) und dem Dingo (Australischer Wildhund) zu. Zwischenzeitlich konnte man jedoch nachweisen, das Dingo und Beutelwolf mindestens 2000 Jahre nebeneinander lebten. Die Ernährung der beiden Tierarten war derart verschieden, dass sie keine Nahrungskonkurrenz bildeten. Auch auf Neuguinea gab es einst den Beutelwolf, jedoch nicht den Dingo. Trotzdem starb diese Tierart dort etwa zur selben Zeit aus. Die Gründe für das verschwinden der Tiere auf dem Festland Australiens und Neuguineas ist bis heute gänzlich ungeklärt.

Für das Aussterben des Beutelwolfes auf Tasmanien ist allerdings einwandfrei ein Schuldiger zu identifizieren. Seit der Mensch auf der Insel eine Kolonie errichtete hatte, dezimierte sich der Bestand dieser Tiere von vorher ca. 1500-2000 Exemplaren drastisch. Die Schiffe, mit welchen die Siedler versorgt wurden, brachten nicht genug Nahrung und so wurde die Jagd auf ortsansässiges Wild eröffnet. Somit entzog man dem Beutelwolf seine Nahrung, so dass dieser in Pelztierfarmen eindrang und die dortigen Zuchttiere fraß. Weiterhin räumte dieser die aufgestellten Fallen der Pelztierjäger aus und hinterließ nur noch zerstörtes Fell und Knochen darin. Sofort wurde er als Schädling für den Menschen abgestempelt. Als die Schafzüchter immer mehr die kleinen Kängurus aus dem Land verdrängten und ihre Herden auf immer größeren Gebieten weideten, wurde die Beute für den Beutelwolf noch schlechter erreichbar. In dieser Situation spezialisierten sich die Beutelwölfe auf die Jagd nach Schafen, welche eine leichte Beute darstellten. Heute ist allerdings bewiesen, das Viehdiebe und Einheimische die Schaffarmer mehr geschädigt haben als der Beutelwolf selbst.

Aufgrund seines schlechten Rufes wurde somit die freie Jagd auf den Beutelwolf eröffnet. Die Fallensteller, Siedler und Pelztierzüchter legten vergiftete Köder aus, um die Bestände des Beutelwolfes zu dezimieren. Aus diesem kleinen Tier wurde innerhalb kürzester Zeit ein Mythos, welcher den Beutelwolf als allesfressende und reißende Bestie darstellte.

1888 beschloss die Regierung den Abschuss der Beutelwölfe gegen Belohnung freizugeben. Im Jahr 1900 war der Höhepunkt erreicht und der Bestand schon deutlich dezimiert. 1910 wütete noch eine bis heute unbekannte Seuche unter den Beuteltieren und bereits damals gab es viele warnende Stimmen, welche vor dem Aussterben dieser Tierart warnten. Am 13. Mai 1930 wurde schließlich der letzte freilebende Beutelwolf von Wilfred Batty aus Mawbanna getötet. Er war der letzte Mensch, der eine Abschussprämie auf dieses Tier erhielt.

1950 wurde der Beutelwolf von der *International Union for Protection of Nature* zu den 14 seltensten Tierarten gezählt. 1982 erklärte ihn die *International Union for Conservation of Nature und Natural Resources* für endgültig ausgestorben. Aber immer noch steht der Beutelwolf in Anhang 1 des Washingtoner Artenschutzabkommens als bedrohte Spezies und hat somit den höchsten Schutzstatus für ein Tier, welchen dieses Abkommen überhaupt vergibt. Ein Schutz für ein längst ausgestorbenes Tier? Bis 1995 wurden 400 offizielle Sichtungen gemeldet, darunter auch Sichtungen von Wildhütern, welche man ernst nehmen sollte. Und selbst heute noch werden jedes Jahr mehrere Sichtungen vermeldet.

Im Mai 2000 wurde im Keller eines australischen Museums ein in Alkohol eingelegtes Beutelwolfbaby entdeckt. Aus den Muskeln und dem Knochenmark des Tieres wurde wertvolles Genmaterial gewonnen. Laut Biologen und Gentechnikern sind die Genketten fast vollständig erhalten und man könnte den Beutelwolf klonen. Die Gentechnik ist bereits so weit fortgeschritten, um aus diesem ca. 100 Jahre alten Tier vielleicht ein neues entstehen zu lassen.

Solange ein endgültiger Beweis für die Existenz überlebender Beutelwölfe fehlt, wird man auf der Suche nach diesem Tier sein. Einige Spuren deuten auf einige wenige Exemplare und geben Hoffnung die Suche niemals aufzugeben...

El Chupacabras

Immer wieder liest man in den Medien von einem mysteriösen Vampirwesen, welches unter dem Namen *El Chupacabras* (dt. *Der Ziegensauger*) in Süd- und Mittelamerika für Angst und Schrecken sorgt, Farmtiere tötet und diesen durch angebliche kleine Einstiche im Hals das Blut aussaugt. Doch was könnte hinter diesen Geschichten über dieses unheimliche Wesen stecken?

Beginnen wir einmal damit, wie es das Wesen mit der Bezeichnung *El Chupacabras* geschafft hat, neben dem Yeti, dem Bigfoot und Nessie einer der bekanntesten Kryptiden überhaupt zu werden. Verfolgen wir seinen Weg zurück nach Puerto Rico, wo im Jahr 1992 die Geschichte des Wesens in den Medien begann.

Im Jahr 1992 berichteten erstmals die beiden Zeitungen *El Vocero* und *El Nuevo Dia* aus Puerto Rico über seltsame Begebenheiten, als man vermehrt tote Vögel, Katzen und weitere Haus- und Nutztiere meldete, darunter sehr viele Ziegen, welche offensichtlich von einem Vampir ausgesaugt worden zu sein schienen. Wie die Zeitungen berichteten, wurden alle Opfer durch einen Biss in den Hals oder den Nacken getötet, bei welchem vor allem zwei Einstiche auffielen, wie man diese von den Vampiren aus den Vampirfilmen kennt. Da die Opfer ansonsten nicht weiter angerührt worden zu sein schienen, kam in den Medien schnell die Legende von einem Vampir auf, ohne die Fälle eingehender zu untersuchen. Da die ersten größeren Vorfälle in der Gegend des Ortes *Moca* in Puerto Rico stattfanden, prägte sich in der Presse der Begriff vom Moca-Vampir (*El Vampiro de Moca*).

In der ersten Zeit kamen wilde Theorien auf, wobei vor allem der Verdacht auf Kulthandlungen von Satanisten und Voodoopriestern fiel. Die Zeitung *El Diario* verbreitete gar die Schlagzeile, dass die Gegend um den Ort Moca möglicherweise das Zentrum eines neuen rituellen Kultes sein könne, bei welchem massenhafte Tieropferungen zur Anbetung des Teufels stattfanden.

Nun begann die Geschichte erste Wellen zu schlagen, da plötzlich von überall aus Puerto Rico weitere Meldungen von getöteten Tieren zusammenkamen, welche von ähnlichen Fällen berichteten. Da die meisten Opfer Ziegen zu sein schienen, prägte sich recht bald ein neuer Begriff für den Moca-Vampir, welcher sich aus den Worten *Chupa* (dt. „saugen") und dem Wort *Cabras* (dt. „Ziegen") zusammenfügte. „El Chupacabras", oder übersetzt „Ziegensauger", wurde bald zum Schlagwort in den regionalen Medien, von wo aus auch überregionale Medien über die Vorfälle berichteten. Dies war die eigentliche Geburtsstunde des Mythos vom „El Chupacabras".

Als sich im Jahr 1994 die Legende über die Presse und eine Unzahl lokaler TV- und Radiosender in ganz Mittelamerika und der Karibik weiter verbreitete, kamen immer mehr Meldungen über ähnliche Fälle zusammen, wobei besonders in Mexiko die höchste Zahl an Meldungen auftrat. Aber auch aus der Dominikanischen Republik, Nicaragua, Honduras, Bolivien, Kolumbien, Panama, Brasilien und El Salvador kamen eine Vielzahl an Meldungen.

Doch besonders in Puerto Rico und Mexiko entwickelte sich daraus schon bald eine „Urbane Legende“, welche sich in der Bevölkerung quasi explosionsartig verbreitete. Plötzlich tauchten Meldungen von Sichtungen auf, welche das Wesen als Monster mit großen Augen beschrieben, welches Stacheln auf dem Rücken tragen und seine Farbe ändern können soll. Ähnlichkeiten dieser „Begegnungen“ zu Berichten von UFO-Entführungsopfern und UFO-Zeugen sind nicht zu leugnen.

Im Jahr 1995 schließlich wurde die Welt auf dieses Wesen aufmerksam, als internationale Medien über das Phänomen berichteten. Schon bald tauchten erste Geschichten und Meldungen im neuen Medium Internet auf, so dass sich die Legende innerhalb weniger Monate weltweit wie ein Lauffeuer verbreitete. Viele dieser Meldungen ließen sich hinterher nicht mehr verifizieren, da ständig neue quellenlose Geschichten hinzukamen. Und das Medium Internet sorgte auch dafür, dass sich die unglaublichsten Geschichten um den ursprünglichen „El Chupacabras“ zusammenfanden. Nicht zuletzt auch deswegen, da plötzlich eine Unmenge an gefälschten Bildern durch das Netz geisterten, die sich in allen möglichen Bildergalerien wiederfanden, per E-Mail verschickt und auf unzähligen Webseiten verbreitetet wurden. Und selbst heute noch kommen immer weitere Bilder im Internet hinzu, welche man als Chupacabras bezeichnet. Letztendlich entstand aus den ersten Berichten aus Puerto Rico ein Medienphänomen, welches zu einer wahren Massenhysterie heranwuchs.

Mittlerweile hat sich ein amerikanisierter Name für „El Chupacabras“ verbreitet, welcher heute fast ausschließlich noch Verwendung findet. Aus „Chupacabras“ wurde im Laufe der Jahre der westliche Begriff „Chupacabra“ geprägt, was vor allem an den englischsprachigen Medien liegt, da man hier durch eine Umbenennung der Pluralform das einfachere Wort „Chupacabra“ verwendete. Dies hat sich heute selbst in der Bevölkerung Mittelamerikas eingebürgert.

Um dieses Wesen ranken sich viele Geschichten und Legenden. Es gibt Vermutungen über Genexperimente in Geheimlaboratorien, Dämonen aus der Hölle bis hin zu Geschichten, dass diese Wesen Haustiere von Außerirdischen sein sollen. In den Jahren zwischen 1995 und 2005 gab es mehr als 15.000 registrierte Fälle, welche mit dem Wesen in Verbindung gebracht werden. Etwa 300 Fälle haben einen bezug zu direkten Phänomenen, welche man als „Paranormal“ einstufen könnte. Und wieder andere Fälle berichten von seltsamen Tieren, welche man als Chupacabras bezeichnet, welche jedoch bei näherer Betrachtung ein ganz anderes (bekanntes) Tier als Urheber haben. Und schließlich gibt es dann noch einige ganz kuriose Fälle, in denen man El Chupacabras mit Viehverstümmelungen (Cattle-Mutilations) in Verbindung bringt, obwohl hier ein eindeutiges Phänomen aus dem Bereich der UFOlogie vorliegt, welches definitiv nichts mit jenem legendären blutsaugenden Wesen gemein hat. Hier wird man ein klares Unterscheidungsmuster erarbeiten müssen, da es in Mittel- und Südamerika mittlerweile quasi als Normal gilt, alles seltsame in Zusammenhang mit Tieren dem legendären El Chupacabras zuzuschreiben.

Die im Internet weit verbreitete Darstellung des echsenartigen Wesens mit den großen Augen und den Stacheln auf dem Rücken wird zudem fast überall von den Medien aufgenommen und verbreitet. Dies sind aber im Vergleich zu den Tausenden registrierten El Chupacabras-Angriffen auf Tiere eine verschwindend geringe Zahl von etwas mehr als 100 nachvollziehbaren Fällen - und diese stammen - wie sollte es anders sein, aus dem Lager der Ufologen. Ein weiterer, aber wichtiger Punkt, welcher im Internet und den Medien wie bereits erwähnt kaum bis gar nicht benannt wird, ist jedoch, das von den mehr als 15.000 dokumentierten Fällen weniger als 300 solche Einschnitte oder das fremdartige Aussehen mit den großen Augen oder Stacheln auf dem Rücken beinhalten. Aber genau diese Fälle wurden durch die Arbeiten von Jorge und Marleen Martin, sowie von Scott Corrales mit seinem Buch „*Chupacabras and Other Mysteries*“ aus dem Jahr 1997 öffentlich verbreitet und bilden in den Medien die Standardaussagen. Dabei sind dies nachweislich nur Einzelfälle, welche den weitaus größten Teil der Berichte einfach nicht erwähnen. Ob diese Fälle nun tatsächlich mit dem Chupacabras in Verbindung stehen oder doch eher als ein eigenständiges Phänomen innerhalb der UFO-Thematik anzusehen sind, lassen wir hier einmal dahingestellt. Im besonderen deshalb, da diese Thematik überhaupt nichts mit der ernsthaften Kryptozoologie zu tun hat.

Bevor Sie mit diesem Text nun fortfahren, möchte ich erst einmal den Hintergrund zu diesem Inhalt kurz erläutern. Vor etwas mehr als 10 Jahren wurde meine Aufmerksamkeit auf den Chupacabras gelenkt. Geradezu phantastisch klangen die Berichte und Gerüchte um dieses Wesen, so dass ich im Laufe der Jahre eine enorme Datensammlung zum Chupacabras aufgebaut habe und mit Interesse das Thema ständig verfolgte. Was mich am meisten an vielen Meldungen störte, war der Umstand, dass diese oftmals viel zu reißerisch klangen, und sehr oft eher an die kleinen grauen Außerirdischen erinnerten. Auf der anderen Seite waren jedoch der weitaus größere Teil der eingehenden Berichte weniger dramatisch dargestellt, doch diese wurden in den Medien und im Internet kaum bis überhaupt nicht erwähnt. So kam ich im Laufe der Zeit zu der Erkenntnis, dass wir ein völlig falsches Bild über die Hintergründe des Mythos öffentlich vorgesetzt bekommen, obwohl die Wahrheit einer simplen Lösung bedarf.

So fand Ende Mai 2005 eine Forschungsreise auf der Spur des Chupacabras statt, wobei ich vor Ort in Mexiko, Honduras und Nicaragua eine einfache und einleuchtende Erklärung gesucht habe. Durch die angewandten Analyseverfahren konnte dazu eine biologische Erklärung des Hintergrundes hinter dem Mythos gefunden werden. Ich erhebe nicht den Anspruch darauf eine endgültige Lösung oder gar ein Endergebnis für alle Fälle des Chupacabras geben zu können, doch zumindest ist die von mir aufgezeigte Erklärung auf einen Großteil der über 15.000 registrierten Fälle in Mittelamerika anwendbar.

Doch kommen wir zurück zum eigentlichen Thema. Ist der Chupacabras ein neues Phänomen, da dieser offensichtlich erst seit Mitte der 1990er Jahre vermehrt in den Medien auftaucht? Alleine diese Frage gibt ein Rätsel auf, denn warum erscheint dieses Wesen so urplötzlich und verbreitet sich dann rasend schnell in den Gebieten von Mittelam-erika, der Karibik und sogar bis hinein in den Süden der USA? Woher stammt dann dieses Wesen? Einige Gruppen vermuten deshalb, der Chupacabras sei ein genetisches Experiment, welches aus einem Versuchslabor entkommen sei. Immerhin habe die Genforschung in den 1990er Jahren gewaltige Fortschritte erzielt. An dieser Stelle möchte ich nicht weiter auf diese Fragestellung eingehen, da schon vorab zwei gewichtige Punkte gegen diese These sprechen. Zum einen ist es selbst heute noch nicht möglich mittels Gentechnik ein völlig fremdartiges Wesen zu erzeugen, dass zudem Merkmale aufweisen muss, welche es bei keinem anderen Tier auf diesem Planeten gibt. Der zweite Punkt ist ein simpler Gedankenfehler, denn das Phänomen hinter der modernen Legende des Chupacabras war in Mittelamerika bereits weitaus länger unter der Bevölkerung bekannt, wurde aber erst durch die Medien zu einem wahrhaftigen Phänomen mit einem festen Namen. Selbst die Azteken haben uns Abbildungen hinterlassen, welche Tiere zeigen, die das Blut von Tieren und selbst von Menschen trinken. Und diese Abbildungen sind mehrere hundert Jahre alt. Da wir die Möglichkeit eines zeitreisenden Genmutationsmonsters ausschließen können, werden wir uns nicht weiter damit beschäftigen.

Eine weitaus größere Gruppe hält den Chupacabras für ein außerirdisches Wesen, welches eventuell von Besatzungen fremder Raumfahrzeuge auf der Erde zurückgelassen wurde. Ob dies überhaupt möglich wäre, vermag ich persönlich nicht zu beurteilen, da ich nicht sagen kann, ob es tatsächlich raumfahrende Außerirdische gibt oder eben nicht, dennoch scheint diese These doch etwas weit hergeholt. Einige Zeugenberichte scheinen diese These zu bestätigen, da in diesen der Chupacabras als etwa 1,50 Meter großer Gnom mit großen Augen, ähnlich den bekannten „Greys“ aus der UFO-Szene, beschrieben wird. Weiterhin sollen unerklärliche Schnitt- und Bisswunden an den Opfern zu finden sein.

Doch das angesprochene Auftreten von geradezu chirurgisch ausgeführten Schnitten und Eintrittsöffnungen stammt definitiv nicht vom eigentlichen Chupacabras. Hier handelt es sich um ein Phänomen, welches man aus den USA unter dem Begriff „Cattle Mutilations“ (dt. Viehverstümmelungen) kennt. Hierbei werden größeren Tieren, meist Rindern oder Pferden, augenscheinlich feinste Schnitte und Stiche zugefügt, und teilweise sogar größere Gewebebrocken mit unglaublich präzisen Schnitten entfernt. Ebenfalls, so die Berichte zu den Mutilations, fehlt diesen Tieren das Blut im Körper, was man auch dem Chupacabras nachsagt. Man kennt aber auch Fälle, bei denen Ziegen, Schafe, Hunde, Katzen und sogar Ratten mit solchen Stichen und Schnitten aufgefunden wurden. Das Phänomen der Viehverstümmelungen ist seit den 1950er Jahren dokumentiert, reicht jedoch noch weiter in die Vergangenheit zurück. Eine wissenschaftlich anerkannte Erklärung gibt es bislang nicht hierfür, jedoch ist die am häufigsten verbreitete Theorie eben jene, dass diese von

UFOs und deren Besatzungen angerichtet wurden. Auf der anderen Seite ließe sich dies aber auch mit Fressgewohnheiten von Nagetieren und Insekten erklären.

Elmendorf-Beast

Der Chupacabras ist hingegen ein natürliches Phänomen, welches aufgrund seiner Legende der Kryptozoologie zuzuordnen ist. In den vergangenen Jahren wurden etliche Berichte über das Auftauchen des Chupacabras im Süden der Vereinigten Staaten von Amerika, vor allem aus Texas, aufgeführt. Hier wäre z.B. auf das Elmendorf-Beast hinzuweisen, welches überall in den Medien als erschossener Chupacabras präsentiert wurde. Schon wenige Tage nach dem Fund und einer eingehenden Untersuchung stellte sich jedoch heraus, dass es sich hier schlicht und ergreifend um einen Kojoten handelte, welcher an einer schweren Räude (eine Milbeninfektion) erkrankt war und deswegen auch kein Fell mehr besaß. Die Brüchigkeit der Haut des Kadavers und die Verfärbung bestätigen dies. Betrachtet man zudem einmal die offiziellen Verweise des texanischen Veterinäramtes, dann lassen sich auch weitere Sichtungen seltsamer Tiere in Texas und den angrenzenden Bundesstaaten sehr schnell erklären. Denn im Jahre 2004 und 2005 grassierte unter den Tieren die Räude, welche durch Milben hervorgerufen wird, extremst. Selbst heute noch breitet sich die Räude in den USA immer weiter aus. So gab es neben diesem Elmendorf-Beast ja auch noch etliche weitere Sichtungen, die sich letztendlich als erkrankte Tiere herausstellten, wie etwa das Baltimore-County-Beast, welches sich als erkrankter Fuchs entpuppte.

Betrachten wir nun einmal aber jene Punkte, welche alleine nach Abzug der Genmutationsmonster- und Alienthese übrigbleiben.

Der Chupacabras ist ein Predator, welcher sich von Blut zu ernähren scheint. Vermutlich ist Blut jedoch nicht seine Hauptnahrung, da sich nur wenige Lebewesen von den Proteinen im Blut langfristig ernähren können. Jedoch kennen wir aus dem Tierreich einige Raubkatzen- und Primatenarten, welche ebenfalls andere Lebewesen töten, um an deren Blut zu gelangen, welches genüsslich, quasi als Delikatesse und Zunahrung, getrunken wird. Dabei wird das Opfer durch einen Biss in den Hals getötet, wobei die Hauptschlagadern durchtrennt werden. Oftmals wird auch einmal die ganze Kehle aufgerissen. Doch nur selten werden diese Kadaver anschließend gefressen, sondern bleiben als ausgeblutete Körper zurück. Betrachtet man sich einmal einen Querschnitt aller Berichte über den Chupacabras, so wird man schnell feststellen, das in den meisten Fällen eben genau dieses Verhaltensmuster vorliegt.

Wie ich selber während der Forschungsreise 2005 feststellen konnte, sind die feinen Bisswunden an den Opfern auch meist ziemlich übertrieben dargestellt. Während der Reise suchten wir die Orte von Ereignissen auf und hatten sogar das Glück, mehrere Opfer des Chupacabras begutachten zu können. Wie sich zeigte, ist der Chupacabras häufig am Werk und viele der Bauernfamilien hatten durch diesen bereits Verluste an Vieh gehabt. Laut Beschreibungen waren vor allem Ziegen und Hühner die bevorzugten Opfer der Chupacabras, aber auch Katzen sind bereits Opfer geworden. Von allen Zeugen konnte jedoch keiner davon berichten, das jemals ein Hund oder ein größeres Tier als eine Ziege Opfer der Chupacabras geworden wäre.

Die Vorgehensweise des Chupacabras wurde von allen Befragten ziemlich gleich beschrieben. In der Dunkelheit schleicht sich dieser an seine Opfer heran und tötet diese durch einen Biss in den Hals. Befinden sich weitere Tiere in der Nähe, geraten diese in Aufruhr. Das Charakteristische für einen Chupacabras ist jedoch, dass dieser seine Opfer nicht frisst oder verstümmelt, sondern die getöteten Tiere einfach liegen lässt. Was viele der Menschen hier nicht erklären können ist hingegen, weshalb man bei den Opfern kein Blut mehr findet, weshalb man den Chupacabras für eine Art Vampir hält, der seine Opfer im Schlaf tötet und aussaugt.

Andere hingegen scheinen genau zu wissen, wie das mit dem Aussaugen des Blutes funktioniert. Fakt ist, wie sich an einigen Opfern zeigt, die wir gezeigt bekamen, dass der Chupacabras seine Opfer mit einem Biss in den Hals oder auch Nacken tötet. Es bleiben oftmals nur die Bissspuren zurück, von denen die tiefen Abdrücke der Reißzähne besonders hervorstechen und an einen Vampirbiss wie im Film erinnern. Die Medien haben hieraus den Mythos vom Monster Chupacabras gemacht, obwohl so gut wie alle Raubtiere verlängerte Eckzähne (Reißzähne) besitzen. Die Tiere wurden definitiv auch nicht gänzlich ausgesaugt, sondern lediglich das Blut weggeleckt, welches aus den Bisswunden austrat. Nach dem Tod der Opfer ist dies aber auch nicht sonderlich viel Blut, und die Blutung hört recht schnell auf zu bluten, sobald das Herz aufhört Blut durch die Adern zu pressen. Durch das Weglecken des Blutes erscheinen die Bisswunden danach relativ sauber, gerade so, als ob das Blut durch die Bisswunden ausgesaugt worden wäre. Der weitaus größere Teil des Blutes verbleibt jedoch im Körper des Opfers, wo dieser recht schnell gerinnt, wodurch wiederum das tote Tier nicht mehr blutet. Und die Zersetzung des Blutes geschieht im warmen bis sehr heißen Klima dort sehr schnell. Somit erübrigt sich bereits eine Diskussion um ein vampirisches Lebewesen. Es bleibt nur die Frage offen, welches Tier benutzt diese Technik um an Blut zu gelangen und warum benutzt es diese?

Was weiterhin auffällig erschien, waren die verschieden großen Bissspuren an den Opfern. Einige waren relativ groß, vor allem bei den Ziegen, was teilweise an die Bissspuren von Hunden und Raubkatzen erinnerte. Daneben fanden wir Bissspuren, welche eindeutig von viel kleineren Tieren stammen mussten. Es lag also die Vermutung nahe, dass der Chupacabras nicht nur ein bestimmtes Tier sein konnte. Eine Befragung der betroffenen Bauern indes brachte hier wenig zutage, da man den Chupacabras höchstens als Schatten wahrgenommen haben will, wenn man ihn überhaupt zu Gesicht bekam.

Werfen wir einmal einen Blick nach Afrika und betrachten uns Paviane. Unter diesen Tieren ist das Töten anderer Tiere, nur um deren Blut genüsslich zu trinken, keine Seltenheit. Auch von Schimpansen und selbst von Gorillas wurde schon solches Fressverhalten geschildert. Auch Marder bevorzugen hin und wieder einmal nur das frische Blut anderer Tiere, oftmals von Hühnern, weshalb diese häufiger Tiere durch einen gezielten Biss in den Hals töten, um das austretende Blut wegzuschlecken. Aus Tasmanien ist dieses Verhalten auch vom als ausgestorben geltenden Beutelwolf bekannt. Von Hunden und Katzen ist dieses Verhalten ebenfalls berichtet.

Alle hier genannten Beispiele nehmen das Blut nur als Delikatesse zu sich, wobei die ausgebluteten Kadaver zurückgelassen werden. Die Hauptnahrung besteht jeweils aus weiteren Komponenten. In der Natur ist dieses Verhalten nicht einmalig, kann jedoch regional angepasst vermehrt vorkommen, etwa durch Mangelerscheinungen bestimmter Mineralien und Salze in der Natur.

Und genau in diese Richtung gingen meine Vermutungen, was ich während der Forschungsreise anhand von Boden- und Wasseranalysen mittels einfacher Untersuchungsmethoden überprüfen wollte. Der Reiseplan der Forschungsreise war recht einfach aufgebaut. Es wurde noch vor Beginn ein Raster auf einer Karte erstellt, in welcher die Sichtungen und Funde der letzten 12 Monate in bezug auf den Chupacabras eingetragen waren. Hierbei zeigte sich bereits ein erstes Muster, denn die Verteilung nahm vom Norden Mexikos mit seinen Fels- und Sandwüsten, über die Mitte mit ihren Steppen und Hochebenen bis hin nach Südmexiko, Guatemala, Honduras und Nicaragua mit seiner üppigen Dschungelvegetation beständig zu. Hieraus resultierte eine weitere Einteilung in drei Zonen:

Rote Zone

Die rote Zone umfasste ein Gebiet mit sehr wenigen bis überhaupt keinen Ereignissen in Bezug auf den Chupacabras. Auf der Karte waren darin die Wüstengebiete im Norden verzeichnet.

Gelbe Zone

In der gelben Zone stieg die Zahl der Ereignisse an, je weiter man von den Wüstengebieten durch die Steppen nach Süden ging. Hierbei traten besonders die Hochebenen mit den Gebirgszügen im Osten hervor.

Grüne Zone

Wie der Name schon etwas andeutet, sind mit der grünen Zone die Wald- und Dschungelgebiete im Süden von Mexiko und Nicaragua gemeint. Die höchste Konzentration an Ereignissen fand bei Orten statt, welche sich direkt am Rande oder in den Waldgebieten selbst befinden.

Und genau hier sollten die Tests etwas zutage tragen, was das Verhalten des Blutkonsums erklärt. Das Wasser als auch der Boden selbst innerhalb der Grünen Zone haben einen sehr geringen Anteil mineralischer Salze, Natrium und an Magnesium. Das Blut, besonders von extra gefütterten Nutztieren, hingegen reichert diese Stoffe an, da der Körper diese benötigt. Für Raubtiere stellt der Verzehr von Blut somit eine gute und einfache Möglichkeit dar, die benötigten Mineralstoffe ohne großen Jagdaufwand zu erhalten, da besonders Zuchttiere auf Farmen nicht großartig entkommen können.

Pflanzenfresser haben hier einen natürlichen Vorteil, da diese mit den Blättern der Pflanzen diese Mineralstoffe aufnehmen können, da die Pflanzen die Mineralien mit ihren Wurzeln aus dem nährstoffarmen Boden extrahieren.

Ein weiterer Punkt, welcher ebenfalls nicht in den Medien zu finden ist, ist der Zusammenhang des Chupacabras mit den getöteten Tieren. Denn nur die übrig gebliebenen Kadaver werden mit dem Chupacabras in Verbindung gebracht. Wichtiger für die Statistiken ist jedoch der Punkt, das auf jedes Chupacabras-Opfer mehrere Farmtiere kommen, welche nachweislich von Raubtieren angefallen und gefressen wurden. Doch solche Fälle, welche jeder Farmer in Süd- und Mittelamerika kennt, werden nicht als Chupacabras-Angriffe gemeldet.

Es scheint sehr wahrscheinlich, dass der Chupacabras mehr als einen einzigen Hintergrund besitzt, zumal aus den genannten Vertretern verschiedene Verhaltensmuster bekannt sind, welche an den Chupacabras erinnern, darunter auch der Genuss von Blut, welcher nicht direkt der Nahrungsaufnahme dient. So muss der Chupacabras keine unbekannte Art darstellen, sondern ist aller Wahrscheinlichkeit nach eine oder mehrere bekannte Arten, deren Verhaltensmuster sich dem Genuss von Blut angepasst hat, um das Nahrungsangebot zu ergänzen.

Ein weiterer Punkt, welcher ebenfalls mit dem Aufkommen des Mythos Chupacabras zusammen trifft, ist die Zufütterung von Farmtieren mit Kraftfutter, welches in den vergangenen Jahren immer breitere Verwendung findet. Durch die dadurch entstehenden Mineralreserven im Blut der Farmtiere jedoch führen zu verstärkten Angriffen auf diese, um den Nährstoffbedarf zu decken.

Der Mythos des Vampirwesens Chupacabras ist also vermutlich gerade deshalb entstanden, da besonders Farmtiere zum Opfer der Räuber werden, da diese sich nicht weitläufig in Sicherheit bringen können und heute vermehrt mit angereichertem Futter versorgt werden. Den Rest des Mythos haben wir den modernen Medien, dem Internet und einer Unmenge an Fake-Fotos zu verdanken, welche von Witzbolden erstellt und verbreitet wurden.

Fakt ist, was zumindest auf die aufgesuchten Gebiete zutrifft, dass meine Lösung des Mythos Chupacabras eine rein biologische Erklärung darstellt. Fans und Anhänger der Alien- und Versuchslabortheorien wird dieses Ergebnis mitunter nicht gefallen, da dies zumindest für den mittelamerikanischen Chupacabras erklärt werden kann. Ich erhebe nicht den Anspruch einer allumfassenden Auflösung, aber die Hintergründe hinter dem südamerikanischen und dem karibischen Chupacabras dürften dort ebenso zutreffend sein.

Der Chupacabras – Ein Labormonster?

Nun haben wir eine rein biologische Erklärung hinter diesem Mythos finden können. Dennoch dichtet man gerade diesem Kryptiden einige recht wilde Theorien an, wobei vor allem jene des biologischen Experiments aus einem der Forschungslaboratorien der USA auf Puerto Rico eine weite Verbreitung gefunden hatte.

Hinter dieser Legende des Bio-Monsters aus dem Labor steht allerdings ein weiterer Hintergrund, welcher den meisten Menschen nicht bekannt ist und auf einer gewissen Anfeindung der Puertorikaner und den Amerikanern beruht, da für eine breite Masse in der US-amerikanischen Bevölkerung die Puertorikaner eine minderwertige Menschengruppe darstellt.

Im 20. Jahrhundert war Puerto Rico sogar eines der großen Testgebiete der Amerikaner für alle möglichen Waffen, vor allem von Chemiewaffen und biologischer Kriegsführung.

Aber nicht nur militärische Experimente wurden auf Puerto Rico durchgeführt, auch eine Unmenge an geheimen medizinischen Versuchen wurden hier über Jahrzehnte hinweg getätigt.

Aussagen von hohen Militärs und Wissenschaftlern erinnern dabei recht deutlich an jene Vorwürfe, welche deutsche Militärs und Wissenschaftler im 3. Reich den Juden und anderen Gruppen unterstellten. So behauptete z.B. im Jahre 1932 der Chefpathologe *Dr. Cornelius Rhodes* vom wissenschaftlich hoch angesehenem *Rockefeller Institut*: *„Die Puertorikaner sind die schmutzigste, faulste, verkommenste und diebischste Menschenrasse, die jemals die*

Erde bevölkert hat … jedem Arzt bereitet es Vergnügen, diese erbärmlichen Wesen zu quälen und zu missbrauchen".

Selbst heute noch spielt der Inselstaat, welcher zu Amerikas Außengebieten gezählt wird, in der amerikanischen Regierung eine sehr untergeordnete Rolle. Puerto Rico ist ein assoziierter Freistaat innerhalb der USA. Es gibt zwei Parlamente: das Abgeordnetenhaus mit 54 Mitgliedern und den Senat mit 28 Mitgliedern. Der Gouverneur von Puerto Rico wird alle 4 Jahre direkt gewählt. Die Puertorikaner haben die Staatsbürgerschaft der USA, sind bei den US-Präsidentenwahlen jedoch ohne eigenes Stimmrecht. Im Repräsentantenhaus des Kongresses ist Puerto Rico mit einem Abgeordneten ohne Stimmrecht vertreten.

Obwohl die Insel zu den USA gehört, bezeichnen sich nur etwa 10% als US-Amerikaner. Die meisten (rund 87%) sehen sich als Nachkommen der Spanier oder als Nachkommen afrikanischer Sklaven. Dies zeigt bereits überdeutlich, wie groß die Kluft zwischen Amerika und Puerto Rico tatsächlich ist.

Zudem befand sich auf der vorgelagerten Insel Vieques ein großer Militärstützpunkt der *United States Navy*, welche dort bis ins Jahr 2004 das große Testgelände unterhielt und so 70% des Geländes der Insel ein militärisches Sperrgebiet sind. Der Boden in diesem Sperrgebiet ist selbst heute noch hochgradig mit Kadmium, Blei, Quecksilber, Uran und anderen Giften kontaminiert. Die Krebsrate liegt in der Nähe des ehemaligen Testgebietes um 26% höher als dem restlichen Gebiet Puerto Ricos. Missbildungen und Totgeburten waren zudem eine der Folgen der Verseuchung des Geländes durch die Amerikaner.

Dort wurden, wie bereits erwähnt, eine Vielzahl an chemischen und biologischen Waffentests ausgeführt, wie etwa das Versprühen von *Agent Orange*, um die Testreihen für den Vietnamkrieg durchzuführen, Tests mit Thalidomit (besser bekannt als Hauptbestandteil von *Contergan*), welche für erhebliche Missbildungen und Todesraten bei Neugeborenen verantwortlich sind, und eine Unzahl an streng geheimen Waffentests von Torpedos, Gasbomben und Urankernmunition.

Bei Drogenexperimenten wurden Strafgefangenen in Puerto Rico zudem über Jahrzehnte hinweg alle möglichen Drogen verabreicht, um die Folgen studieren zu können. Neben Kokain, Heroin und etlichen weiteren Drogen wurde vor allem auch die Einsatzfähigkeit von LSD und deren Langzeitfolgen erprobt.

Dazu kamen weitere extrem umstrittene und geheime Experimente an Strafgefangenen der Insel, bei denen Plutonium und andere radiaktive und giftige Stoffe verabreicht wurden. Noch bis ins Jahr 1980 wurden dort auch weitere medizinische Experimente durchgeführt, wo man z.B. ebenfalls an Strafgefangenen die Langzeitwirkungen weiblicher Hormone auf den männlichen Körper testete.

Als sich in den Medien Puerto Ricos Anfang der 1990er Jahre die Meldungen über den Ziegensauger "El Chupacabras" häuften, lag es in so fern nahe, diese Vorgänge auch mit den Experimenten der Amerikaner in Verbindung zu bringen, obwohl es hierfür keinen stichhaltigen Hintergrund gibt.

So kam schnell die Behauptung auf, dass der Chupacabras eine Kreatur sei, welche bei Laborversuchen mit einem genetischen oder bionischem Experiment entweichen konnte, als dieses außer Kontrolle geriet.

Was bei den Vertretern dieser Theorie jedoch nicht beachtet wird, ist der Umstand, dass selbst unsere beste Technik und die besten Wissenschafter heute nicht imstande wären, eine solche Kreatur zu erschaffen, welche Merkmale gleich mehrerer unmöglicher Tiere aufweisen und zudem sich vollkommen von Blut ernähren müsste. Wir sind heute zwar in der Lage unter großem Aufwand Tiere zu klonen, auch kann man Tiere genetisch so anpassen, dass diese gewisse Eigenschaften besitzen - doch hierzu muss man die dafür verantwortlichen Gene und Vorgänge kennen.

So bleibt die Experiment-These eine unbelegbare, aber recht medienwirksame Science-Fiction-Geschichte, basierend auf dem Konflikt der Puertorikaner und der Amerikaner.

Die Jagd nach der Onza-Katze

Wenn sich ein Kryptozoologe auf der Suche nach einem verborgenen und dazu noch recht mysteriösem Tier befindet, um die Existenz eines solchen Wesens zu be- oder widerlegen, dann muss er jedem noch so kleinem Hinweis folgen. Sie müssen Fußspuren, verwackelten Fotos oder Augenzeugenberichten nachgehen. Ebenfalls findet man in Legenden und Geschichten Hinweise über merkwürdige Tiere. So erzählt man in den weiten und wilden Landstrichen Mexikos von der umstrittenen Onza-Katze, welche in den Bergen leben soll. Dieses absolut angriffsfreudige Tier soll schon mehrere Menschenleben auf dem Gewissen haben und selbst bei Tageslicht angreifen.

Der deutsche Jesuitenpater Ignaz Pfefferkorn, der ab 1757 einige Jahre als Missionar in der damaligen mexikanischen Provinz Sonora tätig war, beschreibt eine Onza, die einer wolfsähnlichen Katze ähnelte: *„Das Tier, dass die Spanier Onza nennen, gleicht dem Puma. Doch sein Körper ist länger und außerdem viel dünner und schmaler - vor allem der Rumpf. Seine Füße sind kleiner, der Brustkorb aber breiter. Unterschiede an der Färbung fand ich keine, außer dass dieses der Onza heller und rötlicher ist. Die Onza-Katze ist überhaupt nicht scheu, im Gegenteil zu einem Puma. Wer es wagt sie anzugreifen sollte auf der Hut sein."*

Auch der Bericht des Jesuitenpaters Johann Jakob Baegert, welcher zwischen 1751 und 1768 mit den Guaricurs-Indianern in der Baja California zusammenarbeitete, erzählt: *„Eine Onza wagte es die Mission meines Nachbarn zu überfallen, als ich zu Besuch war. Sie griff dort einen 14 Jahre alten Jungen an. Das alles geschah bei Tageslicht und vor den Augen aller Leute. Ein paar Jahre zuvor hatte eine andere dieser Katzen hier den stärksten und angesehensten Soldaten der Region getötet."*

Diese wilde Katze, die anscheinend nicht nur in den Geschichten der Einwohner lebt, hat weder Angst noch Skrupel ihre Opfer zu wählen und anzugreifen. Ist die Onza-Katze etwa eine neue ganz eigene Spezies? Eine Unterart des Berglöwen oder vielleicht eine Kreuzung aus Puma und Jaguar?

Helmut Hemmer, ein Säugetierkundler aus Mainz, hatte die Geschichten des sagenumwobenem Onza gehört und eine interessante Idee entwickelt. Er untersuchte fossile Knochen des Gepard's *Acinonyx trumani*, der vor über 10.000 Jahren in Amerika ausgestorben war. Konnte der Onza ein weit entfernter Nachfahre des ausgestorbenen nordamerikanischen Geparden sein? Es besteht die Möglichkeit, dass dieses Urtier Zuflucht in den Bergen Mexikos fand und damit der totalen Ausrottung entkam. So könnte der Onza von einem ausgestorbenen Tier zu einer Legende werden. Die Wissenschaft war früher der Meinung gewesen, dass dieses Tier nur in Legenden und Geschichten der Einheimischen existiert, trotz mehrerer Augenzeugenberichte von angesehenen Persönlichkeiten. Doch die Lösung des Rätsels über die Onza-Katze ist noch weit entfernt gewesen. War es wirklich möglich, das Urzeitgeparden aus dem Pleistozän bis heute unentdeckt in der Sierra Madre überlebt hatten? O-der ist diese Katze doch nur ein Mythos? Und wie können Mythen von Jägern erlegt werden? Mehrfach wurde im 20. Jahrhundert dieses langbeinige graziöse Tier geschossen, welches einem Puma zwar sehr ähnelt, doch deutlich anders aussah.

Der Jäger Dale Lee machte 1938 eine Pirsch mit dem Bankier Joseph Shirk in den La-Silla-Bergen der mexikanischen Provinz Sinaloa, um einen Jaguar zu fangen. Die einzige Fortbewegungsmöglichkeit waren Esel und Mulis. Man fand keine Spur eines Jaguars. Auch Lockrufe vermochten nicht einen anzulocken. Doch ein anderes Tier antwortete auf den Ruf. Männer und ihre Hunde jagten einer Katze hinterher, die auf einem Baum Schutz suchte. Doch diese Katze war weder Jaguar noch Puma. Der Bankier schoss dem Tier ins Hinterbein. Trotz dieser Wunde versuchte diese einen Fluchtversuch, welcher jedoch scheiterte. Schließlich erschoss man dieses Wesen. Man untersuchte diese Katze, nahm wichtige Maße, doch die Aufzeichnungen verschwanden mit der Zeit. Für Dale Lee stand fest, es musste sich um die Onza-Katze handeln. Wer sollte es besser wissen als er, ein Jäger, der über 500 Pumas gejagt und erschossen, etwa 300 Schwarzbären und zusammen mit seinen Brüdern mehr als 120 Jaguare erlegt hatte - das lässt einen in der heutigen Zeit erschauern, wie angesichts der Seltenheit dieser Tiere damals ein einziger Mann so vielen Tieren zum Verhängnis wurde.

Richard Greenwell, welcher sich auch schon lange mit den Geschichten über die Onza-Katze beschäftigte, entschloss sich auf die Suche nach der Katze zu gehen. Er war davon überzeugt, dass es sich nur um die Onza-Katze handeln kann. Er fing 1986 die Suche an jenem Ort an, wo zum letzten Male ein solches Tier erlegt wurde, im San-Ignacio-Distrikt. Doch bevor er mit der Suche beginnen konnte, bekam er im Januar des Jahres 1986 ein Telefonat aus Sinalao. Eine Onza-Katze wurde von zwei Farmern erlegt, welche in der Sierra Hirsche jagen wollten. Als sie im Dunkel der Nacht durch die Landschaft auf der Suche nach Hirschen waren, bemerkten sie, dass sie von einer großen Katze beobachtet wurden. Die Jäger sollten zu Gejagten werden, doch ein Schuss rettete sie vor dem Schlimmsten. Die Jäger stellten fest, dass dieses Tier den Berichten ähnelte, die ihnen erst vor kurzem von „verrückten Gringos" erzählt wurden. Sie nahmen das Biest mit nach Hause und brachten es später nach Mazatlan.

Es war der 20. Februar, als man dieses Tier eingefroren hatte. 17 Stunden nach seinem Tod. Nach einer gründlichen Untersuchung, welche im Februar vollzogen wurde, kam man zu folgendem Schluss: Diese weibliche Katze ist gerade einmal 27 Kilo schwer, im Gegensatz zu Pumas, die ein Gewicht zwischen 36 und 60 Kilo haben. Sie ist außergewöhnlich grazil, mit schlanken Beinen, welche ebenfalls viel länger sind als die eines Pumas. Auch der Schwanz und die Ohren schienen verlängert zu sein. Der ausgesprochen leichte Körperbau ist bemerkenswert. An seinen Vorderbeinen hatte das Tier einige kleine horizontale Streifen. Die Knochen der Vorder- und Hinterbeine waren ebenfalls länger als die eines Pumas. Wie die Sezierung des Tieres zeigte, war das Tier außergewöhnlich gesund und parasitenfrei. Im Magen des Tieres befanden sich Überreste der letzten Mahlzeit: Hirschhufe.

Nach dieser gründlichen Untersuchung stand fest, dass die Onza-Katze keinesfalls ein überlebender Eiszeitgepard sein konnte. Doch was war dieses Geschöpf für ein Wesen und wer waren seine Vorfahren? Man untersuchte das Gewebe des Tieres mittels biochemischer Untersuchungen, welche am *National Cancer Institut* in Washington durchgeführt wurden. Man stellte fest, das biochemisch gesehen sich diese Katze nicht von einem herkömmlichen Puma unterschied. Das Tier war also keine neue Art oder Unterart. Doch was ist sie? Sie ähnelt zwar einem Puma, und doch hat sie so viele andere, dem Puma nicht vergleichbare Merkmale. Greenwell vermutete: *„Vielleicht war die Onza, die wir gefunden haben, auch gar nicht die wirkliche Onza."*

Die eigentliche Geschichte der Onza-Katze beginnt mit den Berichten von spanischen Conquistadores, welche von ersten Begegnungen erzählten. Es handelt sich dabei um eine Raubkatze, die bei den Azteken unter dem Namen *cuitlamiztli* bekannt war. Nach den spanischen Berichterstattern sollen Onzas im privaten Tiergehege des aztekischen Herrschers Moctezuma II. neben Pumas (*leones*) und Jaguaren (*tigres*) gehalten worden sein.

Aufgrund der Untersuchungen von Greenwell aus dem Jahr 1986 gehen einige Kryptozoologen davon aus, dass es sich bei der legendären Onza-Katze um Hybriden zwischen Jaguaren und Pumas handelt. Andere wiederum sehen in der Onza eine bislang unbekannte Unterart des Pumas.

Fakt ist, dass es für diese kryptide Katze eine Menge an Indizien gibt, welche für die Existenz dieser legendären Raubkatzen sprechen. Alleine die Frage der Abstammung stellt eine große Aufgabe für engagierte Forscher auf dem Gebiet der Kryptozoologie dar. Und solange diese Frage nicht endgültig geklärt werden konnte, wird die Suche nach der Onza weitergehen...

Pedro – Der Zwergenmensch von Wyoming

Auf der wochenlangen Suche nach Gold durchquerten die Goldsucher Cecil Main und Frank Carr eine Gegend in Wyoming, welche etwa 100 Kilometer südwestlich der Stadt Caspar liegt. Die Suche schien schon fast aussichtslos und man konnte noch keinen Erfolg verbuchen, als an einem Oktobertag des Jahres 1932 die beiden Männer in einer Schlucht der San-Pedro-Berge etwas Goldenes in der Sonne schimmern sahen. Die einzige Möglichkeit um festzustellen, ob es sich bei dieser Entdeckung tatsächlich um eine Goldader handelte, schien eine Sprengung der Felsen zu sein. So packten sie ihre letzten Dynamitreserven an die Felswand und führten die Sprengung durch. Als sich die Staubwolke der tosenden Explosion legte, staunten sie nicht schlecht über das, was sie mit dieser Sprengung freigelegt hatten. Doch es war kein Gold was die beiden Goldsucher fanden, es war ein verborgener Raum im Fels. Es handelte sich um einen natürlichen Hohlraum, welcher eine Länge von 4,5 m und eine Höhe von 1,2 m besaß. Gebeugt krochen die beiden Männer in die Höhle. Als der Staub der Explosion vollständig verzogen war, bemerkten sie in der Höhle eine Platte. Doch das, was sie auf der Platte sahen, verschlug ihnen für einige Augenblicke den Atem und sie trauten ihren Augen nicht. Auf der Platte saß ein kleines koboldähnliches Wesen mit überkreuzten Armen und Beinen. Es dauerte nicht lange, bis sie merkten, dass dieses merkwürdige Wesen nicht mehr lebte. Tatsächlich handelte es sich bei diesem Fund um eine Mumie, doch diese glich keiner der bislang gefundenen auf der ganzen Welt. Die sitzende Mumie war gerade einmal 18 Zentimeter groß, im stehen betrug die Größe nur etwa 35 cm. Das Gesicht glich dem eines alten Mannes und es schien fast so, als grinste dieses Wesen. Es hatte eine niedrige Stirn, eine breite und flache Nase und für seine Körpergröße ziemlich große Augen, von denen eines halb verschlossen war. Außerdem besaß das koboldähnliche Wesen einen sehr breiten Mund mit dünnen Lippen. Die Haut war bronzefarben und sehr runzelig. Der Körper hatte die Form eines Fasses und die Hände waren groß mit langen Fingern und winzigen, doch noch deutlich zu erkennenden Fingernägeln versehen. Der Kopf war oben auf ungewöhnliche Weise abgeflacht und mit einer dunklen gallertigen Masse bedeckt, welche nur am Rand einen schmalen Haarkranz freiließ.

Cecil Main und Frank Carr machten sich mit ihrem außergewöhnlichen Fund auf den Weg in die Stadt nach Caspar. Dort herrschte ein großes Interesse an der merkwürdigen Gestalt und man gab diesem Wesen den Namen Pedro - benannt nach dem Berg, in welchem er gefunden wurde. Die beiden Männer verkauften ihren Fund an Ivan Goodman, einem Autohändler in Caspar. Es dauerte nicht lange, bis Wissenschaftler von der winzigen und einzigartigen Mumie hörten. Zuerst waren sie misstrauisch und vermuteten eine Fälschung. Ivan Goodman zeigte die Mumie dem Anthropologen Dr. Henry Shapiro vom Amerikanischen Naturhistorischen Museum. Dieser war der Meinung, das eine Röntgenuntersuchung sehr rasch erkennen würde ob es sich hierbei um eine Fälschung handelte oder tatsächlich der mumifizierte Kadaver eines Zwerges gefunden wurde. Bei einer Fälschung würde das Röntgenbild keine inneren Organe aufweisen. Doch nach der ersten Röntgenuntersuchung konnte man ausschließen, dass es sich bei dieser Entdeckung um eine Fälschung handelte.

Pedro, das winzige Wesen aus den San-Pedro-Bergen, besaß innere Organe und ein menschenähnliches Skelett. Man erkannte vollständige Rippenpaare, voll ausgebildete Arme und Beine, bei denen alle Knochen zu erkennen waren und das Rückgrat, welches wohl zu Lebzeiten perfekt geformt gewesen war. Das Rückgrat zeigte eine leichte Verletzung, auch das linke Schlüsselbein war gebrochen. Allem Anschein nach war das Wesen auf gewaltsame Art und Weise ums Leben gekommen. Durch weitere Untersuchungen stellte man fest, dass der Schädel zerschmettert wurde, was den abgeflachten Kopf erklärte. Bei der dunklen Masse handelte es sich um ausgetretene Hirnmasse und geronnenes Blut. Trotz der schweren Verletzungen war der Schädel noch dermaßen intakt, dass man Pedros geschlossene Fontanelle zwischen den Schädelknochen erkennen konnte, welche nur bei erwachsenen Menschen geschlossen ist - im Gegensatz zu jener von Babys und Kleinkindern. Dies wurde als wichtiger Hinweis auf sein Alter verwendet. Pedro besaß ein völlig vollständig erhaltenes Gebiss mit großen und spitzen Eckzähnen. Seine Organe und sein Aussehen ließen vermuten, dass er bei seinem Tod etwa 65 Jahre alt war. Dr. Henry Shapiro vermutete, dass der Leichnam von Pedro aus einer früheren Epoche stammen müsse. Nachdem Ivan Goodman im Jahre 1950 verstarb, ging Pedro in den Besitz von Leonard Wadler über. Kurze Zeit später verschwand die Mumie von Pedro spurlos und konnte bis heute nicht wieder aufgefunden werden.

Im Jahre 1979 zeigte man das Röntgenbild dieses Wesens Professor George Gill, einem Anthropologen der Universität von Wyoming. Er hielt die Mumie für ein Relikt einer unbekannten prähistorischen Indianerrasse. Zudem ging er davon aus, dass es sich um ein missgebildetes Kleinkind gehandelt haben müsse, welches unter der Krankheit *Anenzephalie* litt, einer Krankheit, bei der ein Teil des Schädels und des Gehirns unentwickelt bleibt. Sollte aus irgendwelchen Gründen auch immer dennoch das Hirn zu wachsen beginnen, so würde die Hirnmasse durch die Schädeldecke austreten. Jedoch gaben die Hinweise auf den Körperbau und die voll ausgebildeten Zähne dieser These keinen Halt.

Im Jahre 1993 äußerte der französische Zoologe Dr. Francois de Sarre die These, dass es sich bei der Mumie von Pedro um eine Art *Tzantza* oder *Schrumpfkopf* handelte, wie ihn die Jivaro-Indianer herstellen. Seiner Meinung nach könnte es sich um einen Fötus gehandelt haben, welcher unter der Krankheit *Mikrozephalie* litt, einer abnormen Ausbildung von Gehirn und Schädel. Dem Skelett dieses Fötus hätte man demnach ganz behutsam die Haut eines alten Mannes übergezogen.

Auf der anderen Seite kennen fast alle in Nordamerika lebenden Indianerstämme aus ihren Legenden kleine wilde Männer, welche im weiten Grasland und den Wäldern leben sollen. Einige Stämme berichten, dass es diese Wesen selbst in unserer modernen Zeit noch gibt. So erkannten zum Beispiel die Schoschonen aus Wyoming in der Mumie von Pedro eines dieser Pygmäenwesen, welche sie "*Nimerigar*" nennen. Die Schoschonen haben auch heute noch Furcht vor diesen aggressiven Pygmäen, welche mit kleinen Bögen und vergifteten Pfeilen sogar Menschen angreifen. Laut der Überlieferung töten sich diese Pygmäen sogar untereinander. Sobald einer von ihnen krank wird, sollen seine Stammesgenossen diesem den Kopf abgeschlagen oder den Schädel eingeschlagen haben. Die schwere Kopfverletzung von Pedro ließe sich mit dieser Art der Euthanasie erklären.

Durch den Verlust der Mumie in den fünfziger Jahren des 20. Jahrhunderts bleiben leider viele Fragen ungeklärt. Eventuell gelingt irgendwann einmal ein weiterer Fund dieser Art, welcher zur Lösung um das Rätsel von Pedro beitragen kann. Oder aber die Originalmumie wird in irgend einer Abstellkammer aufgefunden, falls diese nicht unvorsichtigerweise mit Müll entsorgt wurde.

Almas – Rätselhafte Wildmenschen Russlands

Auf der ganzen Welt gibt es Berichte und Legenden von menschenähnlichen Wesen, welche versteckt in Wäldern und Gebirgen leben sollen. Auch aus Russland, vor allem aus dem Kaukasus und dem Pamirgebirge, kennt man dortige Vertreter, welche unter dem Namen *Alma* oder *Almasty* bekannt sind. Handelt es sich dabei tatsächlich um Verwandte des Menschen?

Im Jahr 1925 verfolgte Generalmajor Mikail Stephanovich Topilsky Truppen der weißrussischen Armee, welche sich in das Pamirgebirge im Süden Russlands zurückgezogen hatten. Seine Leute entdeckten an einer steilen Klippe im Schnee Fußabdrücke. In deren Nähe fanden sie auch die Überreste von vertrockneten Beeren. Aus einer Höhle, welche sich in ihrer Nähe befand, kamen merkwürdige Geräusche. Da sie Feinde vermuteten, schossen sie mit ihren Maschinenpistolen in die dunkle Höhle. Plötzlich taumelte ein wildes, haariges und menschenähnliches Geschöpf aus der Dunkelheit ins Freie. Die Soldaten erkannten sofort, dass dies unmöglich einer der gesuchten Feinde sein konnte. Das Wesen gab merkwürdige Schreie von sich und fiel tot zu Boden. Außer an den Händen, Füßen, Knien und Gesicht war es überall stark behaart. Da die Soldaten es für einen verwilderten Menschen hielten, begruben sie es unter einem Steinhaufen. Was war das für ein Geschöpf, welches an diesem Tage auf diese Weise sterben musste?

Ein weiterer interessanter Bericht stammt vom Oberleutnant des Sanitätskorps Vazghen Sergejewitsch Karaetian, welcher im Jahre 1941 im Auftrag der Behörden einen vermutlich verkleideten Saboteur mittels Untersuchungen entlarven sollte. Doch zu seinem erstaunen handelte es sich nicht um einen deutschen Feind, sondern um eine vollkommen wilde Kreatur, fast gänzlich von dunkelbraunen Haaren, ähnlich einem Bärenfell, bedeckt. Im Gesicht war dieser Mann so gut wie nicht behaart. Dieser Mann stand stark aufgerichtet da, seine Arme hingen seitlich am Körper herab. Mit etwa 180 cm war er überdurchschnittlich groß. Ganz steif stand er da, seine Brust nach vorne gedrückt. Seine Augen hatten einen leeren Ausdruck, wie die eines Tieres. An seinem Körper befanden sich überdurchschnittlich große Läuse. Er konnte nicht sprechen, gab nur unverständliche Geräusche von sich. Die Untersuchung fand in einer kalten Scheune statt, da dieses Wesen in normalen Räumen zu stark schwitzte. Es hatte den Anschein, als zog dieses Wesen Kälte der Wärme vor. Der Sanitätsarzt erfuhr erst später was mit dem „Schneemann“ passierte. Laut einem Minister wurde das Wesen wie ein Saboteur behandelt und standrechtlich Hingerichtet. Da der Krieg gegen die einfallenden deutschen Truppen nicht zum besten stand, wurde keine Zeit mit der Erforschung dieses Wesens vergeudet.

Erst 1958 hatte die sowjetische Akademie der Wissenschaft eine Kommission zur Erforschung des Schneemenschen eingerichtet. Nun ging die Suche nach dem Alma los. Man verfolgte etliche Berichte von sogenannten Waldmenschen, Wildmenschen oder behaarter Menschen. Viele Berichte zeigen, das besonders im Kaukasus häufig solche Wesen beobachtet oder gesehen wurden. Dies könnte auch erklären weshalb diese besonderen Hominoiden sich all die Jahrhunderte nicht weiterentwickelt haben. Die Eigenheiten des kaukasischen Lebensraums haben ihre Ökologie und Ethnologie tiefgreifend beeinflusst. Im Gebirge waren diese Schneemenschen regelrecht eingeschlossen und blieben den Klimabedingungen, welche etwa entsprechend der letzten Eiszeit sind, angepasst.

Im Jahre 1966 entdeckte man zwei Lager der Almas, versteckt hinter fast undurchdringlichem Gebüsch. Es handelt sich dabei um eine Art „Speisekammer" der Schneemenschen. Diese enthielt zwei Kürbisse, acht Kartoffeln, einen angenagten Maiskolben, ein großes Stück eines Sonnenblumenherzens sowie Überreste von drei Äpfeln. Dazwischen lagen vier Pferdeäpfel, welche vermutlich wegen ihres Salzgehaltes zu deren Nahrung gehörte. Im nahegelegenen Maisfeld hatten mehr als 30 unabhängige Zeugen ein etwa sechzehnjähriges Alma-Mädchen gesehen, welches vermutlich auf Nahrungssuche war. Die von ihr hinterlassenen Zahnabdrücke sind wesentlich breiter als die eines normalen Menschen. Die Fußabdrücke des Mädchen ließen auf platte, nackte, nach innen gekehrte Füße schließen, so als ob dieses O-Beine hätte.

Ein weiterer Hinweis für die Existenz solcher Geschöpfe wurde im Jahre 1978 erbracht, welcher aber von skeptischen Wissenschaftlern nicht anerkannt wird. Die Expeditionsleiterin Marie-Jeanne Koffanns hatte in diesem Jahr eine Reihe guter Fußabdrücke entdeckt, sie abgelichtet und ausgegossen.

Ein Bericht vom Juli 1980: Zwei Jugendliche mähten etwa 500 m von der Fernstraße Naltschik-Pjatigorsk Gras ab. Quer über das Feld verläuft eine erhöhte Wasserrinne, in welcher die Jugendlichen dann und wann ein kurzes Bad nahmen. Als sie zur Rinne schauten, sahen sie eine behaarte Kreatur, nicht viel größer als sie selbst, welche am Rand der Rinne stand und sie ansah. Die Jungen erstarrten vor Verblüffung, während die Kreatur sie mit allen möglichen Possen unterhielt. So rannte das Wesen schnell am Rand der Rinne entlang, schlug Purzelbäume und vollführte andere Kunststücke. Die Jungen hatten den Eindruck, als sollten sie an diesem Spiel teilnehmen. Doch als die Jungen dies nicht taten, ging die anscheinend enttäuschte Kreatur fort.

Auch in Sibirien und anderen Gegenden der ehemaligen Sowjetunion hat man solche Wildmenschen gesehen und beschrieben. Dutzende Menschen sahen diese mysteriösen Waldkreaturen, welche man dort "Tungu", "Zana" oder auch "Abnauayu" nennt. Jedes dieser Geschöpfe soll etwa zwei bis drei Meter groß und dünn sein, struppiges Fell tragen und schnell rennen können. Außerdem soll man häufig bei einer Begegnung ein schrilles pfeifen gehört haben.

Im August des Jahre 1974 ging der vierzehnjährige Katajew am Ufer des Flusses Tschusowaja im Ural während der Nacht entlang, als er plötzlich ein Plätschern und Stimmen vernahm. Eine dumpfe, wohl männliche Stimme, sowie ein schrilles, "metallisches" Gelächter, offenbar von einer Frau stammend. Neugierig ging er näher. Am Uferrand im Gestrüpp versteckt beobachtete er zwei menschenartige Wesen im Wasser. Der Mond schien hell und er konnte sehen, wie sie nach kurzer Zeit aus dem Wasser gingen und sich hinsetzten, etwa 5 bis 9 m von dem Jungen entfernt. Er konnte von dieser Position sehr gut erkennen, dass die männliche Kreatur etwa zwei Meter groß war und die weibliche etwas kleiner. Der Mann hatte sehr lange und kräftige Arme, die Frau besaß große Brüste und einen hervortretenden Bauch, was vermutlich auf eine Schwangerschaft deutete. Nachdem sie eine Weile nur dagesessen hatten, ging der Mann zu einem Busch und holte ein Behältnis, laut Katajew eine Schachtel aus Birkenrinde, hervor. Sie aßen aus dieser Schachtel und während des Essens konnte er hören wie sie miteinander, mit unkenntlicher Sprache, redeten. Nach dem Essen half der Mann der Frau beim aufstehen und sie gingen zum Fluss, in welchen sie die Schachtel warfen. Er urinierte, dann schwammen sie ungefähr 50 m auf die andere Seite. Am anderen Ufer angelangt, trockneten sie sich und erklommen in wenigen Augenblicken eine steile Felswand. Erst nach zehn Minuten wagte der Junge sich aus seinem Versteck.

Einige Wissenschaftler lehnen kategorisch die Möglichkeit der Kommunikation innerhalb der Almas ab. Obwohl wir heute Wissen, dass sich selbst primitive Tiere auf eine gewisse Art und Weise untereinander verständigen. Viele Berichte und Indizien belegen die Existenz der Almas, doch um was handelt es sich bei diesen Wesen wirklich?

Einige Forscher gehen davon aus, dass es sich um eine überlebende Art von Vormenschen, etwa dem Neandertaler oder *Homo erectus*, handeln könne. Andere hingegen vertreten die Meinung, dass die Almas letzte Exemplare des Riesenaffen Gigantopithecus sein könnten. Oder handelt es sich hierbei um eine bisher unbekannte Menschenaffenart, wie wiederum einige Kryptozoologen vermuten?

Könnten es eventuell verwilderte Menschen sein, welche durch die unwirtliche Landschaft ein beinahe animalisches Leben führen?

Eine Antwort auf diese Fragen wird man wohl erst finden, wenn ein Exemplar lebend gefangen werden kann. Bis dahin werden immer wieder Forschungsreisen auf den Spuren dieser legendären Wildmenschen unternommen werden, um das Geheimnis der Almas in russischen Wäldern und Gebirgen zu lüften.

Das Ungeheuer von Gèvaudan

An einem Tag im Juni des Jahres 1764 sichtete eine Bäuerin, welche gerade mit ihren Hunden die Kühe auf der Weide hütete, ein ungewöhnliches Tier, dass sich langsam heranschlich. Ihre Hunde sahen dieses Wesen und ergriffen mit eingeklemmten Schwanz die Flucht. Die Bäuerin versteckte sich daraufhin hinter den Rindern, welche sich abwehrend aufstellten, was letztendlich dieses Wesen vertrieb. Als Sie aufgeregt von ihrem Erlebnis berichtete, beschrieb sie dieses Wesen als einen gewaltigen Wolf mit rötlichem Fell, welcher die Größe eines Esels gehabt haben soll. Dies sollte allerdings nur der Auftakt zu einer schrecklichen Serie werden, welche die Region Gévaudan in der Gemeinde Lozère im Südosten Frankreichs ganze drei Jahre lang in Angst und Schrecken versetzte.

Kurze Zeit später begann eine unheimliche und äußerst brutale Mordserie im Ort, welche vielen Frauen und Kindern das Leben kostete. Dort, wo man den Täter beobachten konnte, wurde von einem großen wolfsähnlichen Tier berichtet, welches seine Opfer tötete, indem es ihnen die Kehle aufriss und dann fraß oder diesen einfach den Körper aufriss und sich über die inneren Organe hermachte. Die Gliedmaßen dieser Kreatur sollen am Hinterlauf länger gewesen sein als am Vorderlauf. In der Bevölkerung keimte schon bald das Gerücht über einen Werwolf auf. Monatelang versuchten die Einwohner der Region dieser Bestie habhaft zu werden und so machte man Jagd auf Wölfe, allerdings ohne einen Erfolg vorweisen zu können, denn die brutale Mordserie hielt weiter an. Als sich die Zahl der Opfer nach einigen Monaten weiter steigerte, drohte eine Panik unter der Bevölkerung auszubrechen. Um dieser aufsteigenden Panik Einhalt zu gebieten, entschloss sich König Ludwig XV. schließlich im Februar des Jahres 1765 dazu, den berühmten Jäger Denneval nach Gévaudan zu entsenden. Dieser trat mit sechs seiner besten Bluthunde zur Jagd auf den menschenmordenden Wolf an. Auch er erlegte während seiner Jagd mehrere Wölfe, allerdings zeichnete sich auch bei seinem Versuch kein Ende der Mordserie ab, so dass die Zahl der Opfer weiterhin stieg.

Im Spätsommer des selben Jahres entsendete der König Soldaten in die Region, um ebenfalls Jagd auf diesen Mörder zu machen. Unter ihnen befand sich auch Antoine de Beauterne, der persönliche Gewehrträger des Königs. Die Soldaten versuchten es mit Wolfsfallen, welche aber kaum Erfolg brachten. Da sich die mordende Bestie nur an Frauen und Kinder heranmachte, verkleideten sich einige der Soldaten auch als Frauen und warteten geduldig darauf, dass diese Kreatur sie anfallen möge und man diese dann aus einem Hinterhalt heraus erschoss. Allerdings hatte selbst diese Taktik keinen Erfolg und nichts geschah. Alles was man während mehrerer Wochen erlegte, waren nur gewöhnliche Wölfe. Im September des Jahres 1765 allerdings schien sich das Blatt zu wenden. Man sichtete einen gewaltigen Wolf und begab sich auf die direkte Jagd nach diesem Tier. Schließlich gelang es Antoine de Beauterne das Tier im Steinbruch von Bèal Ravine in der Nähe des Ortes Pommier zu stellen und zu erlegen. Dieser Wolf war mehr als 1,50 Meter lang und wog 65 Kilogramm. Der Kadaver des Wolfs wurde im Triumph endlich die mordende Bestie erlegt zu haben an den Hof des Königs verbracht. Es schien so, als sei damit die Angelegenheit ausgestanden.

Doch nur wenige Wochen später erfolgte die Ernüchterung. Offensichtlich hatte man das falsche Tier erlegt, denn man musste neue Opfer beklagen. Es wurden weitere Versuche unternommen dieses Untier in den Wäldern zu erlegen, ohne jedoch einen einzigen Erfolg vorweisen zu können. Die wenigen Überlebenden der Angriffe dieses Monsters schilderten auch weiterhin das Untier als großen Wolf mit ungewöhnlicher Haltung. Als man schließlich im Sommer des Jahres 1767 mehr als 60 offizielle und vermutlich noch weitere nicht dokumentierte Opfer zählte, wurde eine großangelegte Jagd auf das Ungeheuer von Gévaudan mit mehreren hundert Jägern und Spurensuchern gestartet. Diese trennten sich in mehrere Gruppen und trieben alle Wölfe regelrecht zusammen. Da viele der Jäger der Ansicht waren, dass es sich bei diesem Untier um einen Werwolf handeln musste, luden sie ihre Gewehre mit Kugeln aus Silber. Am 19. Juni des Jahres 1767 wurde ein weiterer gewaltiger Wolf am Berg Chauvet ausgemacht. Der Jäger Jean Chastel stellte das Untier und feuerte einen ersten Schuss mit einer Silberkugel auf den Wolf, worauf dieser zwar aufheulte, aber sich immer noch auf den Beinen hielt. Chastel feuerte daraufhin eine zweite Silberkugel auf das Tier und traf diesmal das Herz des Wolfes, worauf dieser tot zusammenbrach. Um ganz sicherzugehen dass man diesmal das richtige Tier erlegte, unternahm man eine Autopsie am Kadaver des riesigen Wolfes. In seinem Mageninneren fand man die Überreste eines kleinen Mädchens. Man war nun überzeugt davon, dass man diesmal den tatsächlichen Mörder erlegt hatte. Und in der Tat endete an diesem Tag diese grauenvolle Mordserie in Gèvaudan. Noch mehrere Wochen lang wurde der Kadaver durch die Umgebung gefahren und öffentlich vorgezeigt, um den Triumph über das Ungeheuer von Gèvaudan zu feiern.

War das Ungeheuer von Gèvaudan ein Werwolf - ein Wesen, welches seine Verbrechen als Wolf beging und sich anschließend wieder in einen Menschen verwandelte? Oder handelte es sich um einen oder mehrere Serienmörder, welche die Schuld an ihren Gräueltaten auf die Wölfe abwälzten? Aber wieso wurde dann im Kadaver des von Jean Chastel geschossenen Wolfes die Überreste eine Mädchens gefunden? Und wieso endete diese abscheuliche Mordserie mit dem Tod dieses Wolfes? Alles nur ein Zufall? Wenn man für die Serienmörderthese plädieren möchte, stellen sich unweigerlich weitere Fragen, welche letztendlich nicht zu beantworten sind. So stellt sich natürlich die Frage nach dem Motiv des Täters und dessen Identität. Tötete er aus sexuellen Motiven Frauen und Kinder und schuf sich somit Befriedigung? Warum entdeckte man dann offensichtlich keine Spuren von Gewaltverbrechen oder Anzeichen von Vergewaltigungen? Welche Waffe verwendete er und wie konnte er so lange unentdeckt bleiben? Immerhin handelte es sich um eine erhebliche Anzahl an Opfern und nicht um Einzelfälle. Damals mögen die Ermittlungsverfahren zwar noch recht primitiv gewesen sein, jedoch müssten gewisse Merkmale für die Ermittler vor Ort dennoch erkennbar gewesen sein. Und in wie weit würde sich die These des Serienmörders mit den Berichten von Augenzeugen decken, welche dieses Wesen gesehen haben wollen?

Eventuell könnte es sich aber auch um einen normalen Wolf mit Riesenwuchs gehandelt haben, welcher durch einen Zufall auf den Geschmack von Menschenfleisch und Menschenblut kam. Allerdings sprechen hier wieder weitere Punkte dagegen. So meiden Wölfe die direkte Nähe des Menschen. Zum anderen bleibt die Frage, weshalb nur Frauen und Kinder Opfer dieser Bestie wurden. Auch müssten für die reine Wolfstheorie mehrere Exemplare mit Riesenwuchs in der selben Gegend leben, da man bereits im Jahre 1765 einen beachtlichen Wolf schoss. Oder handelte es sich gar um ein ganz anderes Wesen?

Wie bereits erwähnt, keimte schon relativ frühzeitig das Gerücht über das Wirken eines Werwolfes auf. Immerhin liegt die Vermutung in Verbindung mit einem gewaltigen Wolf welcher massenweise Menschen tötet aus kulturhistorischer Sicht gar nicht fern. Die Vorstellung dass sich Menschen in wilde

Tiere verwandeln ist seit Urzeiten überall auf der Welt verbreitet und geht wahrscheinlich auf uralte schamanische Praktiken zurück. Aber auch strafweise konnten Menschen von Göttern oder mächtigen Magiern/Schamanen in Tiere verwandelt werden. Die direkte Vorstellung von Werwölfen, also von Menschen die sich für kurze Zeit in Wölfe verwandeln und als solche Schaden anrichten, ist in allen Kulturen verbreitet und lässt sich bis zu den Skythen und den alten Griechen zurückdatieren. Ärzte im alten Griechenland berichteten von "Lykanthropie", einer Art Wahnsinn, bei welchem Menschen in der Nacht umherwandeln und wie Wölfe heulen und sich auch so verhalten. Im alten Rom nannte man Menschen die sich in Wölfe verwandelten und so ihr Unwesen trieben "Versipelles", was übersetzt "Wendehäuter" bedeutet.

In vielen nordischen Kulturen wurde diese Fähigkeit auch auf besondere Kleidungsstücke aus Wolfhaut und Wolfsfellen zurückgeführt, wie etwa dem "Wolfsgürtel" oder dem "Wolfshemd". Wer ein solches Kleidungsstück umlegte, der verwandelte sich in einen Werwolf. Auch Zaubersalben und Zaubertränke sollen solche Fähigkeiten besitzen, was besonders im Mittelalter der vorherrschende Glaube war. Auch war die Ansicht sehr weit verbreitet, dass der Werwolf ein Mensch sei, der vom Teufel oder einem bösen Dämon besessen ist. Hier sollte man allerdings noch erwähnen, dass der Biss eines Werwolfes nicht zu einer „Ansteckung" führte. Die Idee, dass der Biss eines Werwolfes ansteckend ist und sich der Gebissene anschließend selbst in einen Werwolf verwandelt, ist nichts weiter als ein sehr modernes Produkte der Filmindustrie und moderner Horrorliteratur. Aber handelte es sich in Gèvaudan um so etwas wie einen tatsächlichen Werwolf?

Im Jahre 1960 glaubte ein französischer Amtshistoriker festgestellt zu haben, das jenes Gebiss des Ungeheuers das eines Wolfes sei. Bei dieser Behauptung stützte er sich auf den Bericht zweier Chirurgen, welche einst den Kadaver der Bestie untersuchen konnten.

Im Sommer 1997 entfachte eine Diskussion bezüglich des Pelzes der Bestie, der im allgemeinen als rötlich gefärbt, mit grauem Bauch und am Rücken schwarz gestreift beschrieben wurde. Der am Naturhistorischen Museum in Paris angestellte Präparator Franz Jullien entdeckte als einziger, dass in den Jahren von 1766 bis 1819 ein Tier ausgestellt wurde, welches der Bestie der Beschreibung nach stark ähnelte. Dieses Tier konnte ohne jeden Zweifel identifiziert werden, es handelte sich um eine Streifenhyäne (*Hyaena hyaena*). Die Hyänen-Theorie wurde zuvor bereits von dem Schriftsteller Henri Pourrat und von dem Zoologen Gerard Menatory aufgestellt, basierend auf historischen Berichten, die auf Antoine Chastel (Jean Chastel's Sohn) zurück greifen, welcher angab ein solches Tier in seiner Menagerie zu besitzen.

Jullien's Nachforschungen warfen auch neue Fragen bezüglich der Rolle der Chastels in dieser französischen Schauermär auf. So könnte sich die Hyänen-Theorie nur als geschickt eingefädelte Story erweisen, um von einem Serienmörder im Kreise der Familie Chastel abzulenken.

Die Leichenteilfunde in den Wolfsmägen sind jedoch weitaus einfacher erklärbar. Wölfe ernähren sich zu einem Teil ihres natürlichen Nahrungsangebotes auch von Aas. So ist es durchaus vorstellbar, dass einige der Tiere sich über die Leichen von ermordeten Menschen hermachten und davon auch für ihre Bedürfnisse entsprechende Stücke verschlangen. Bei der Anzahl der Opfer muss dies für manche Wölfe wie ein reich gedecktes Mahl gewirkt haben. Da Wölfe zu dieser Zeit auch noch recht häufig in der freien Natur vertreten waren und diese von Seiten der Bevölkerung als bösartige Geschöpfe angesehen wurden, eigneten diese sich natürlich auch sehr gut zur Vertuschung von begangenen Gräueltaten. Ein Mörder musste rein theoretisch nur seine Opfer etwas abgelegen beseitigen, die Wölfe würden sich schon an den Leichen vergehen und diese zumindest anfressen. So könnte man auch diverse Bissspuren erklären, welche aber nicht dem eigentlichen Mörder unbedingt zugerechnet werden können. Die Vermutung liegt auch nahe, dass niemand die Leichen auf vorhandene Verletzungen von Waffen, etwa einem Messer, untersuchte. Sollte es sich also tatsächlich um einen Serienmörder gehandelt haben, so müsste dieser nach der Erlegung eines wirklich beweisfähigen Wolfes seine Taten beendet haben.

Theorien zur Bestie

Die Existenz der Bestie von Gévaudan steht außer Zweifel, ein Mönch sammelte sämtliche Aufzeichnungen und es existieren in den Archiven etliche Unterlagen über jene beunruhigenden Vorfälle im Gebiet von Gévaudan im südlichen Frankreich. Doch die Natur des Wesens und der Grund für die Überfälle liegen auch heute noch völlig im Dunkeln.

Problematisch wird es schon, wenn es um die Zuweisung der Opferzahl der Bestie geht. Über 100 Menschen soll die Bestie von Gévaudan getötet haben. Dokumentiert in Zeitungsartikeln, Büchern und nicht zuletzt den Aufzeichnungen von Abt Pierre Pourcher aus dem Jahre 1889. Doch die offiziellen Dokumente aus der Zeit zwischen 1764 und 1767 sprechen von 62 belegten und ein paar weiteren möglichen Opfern. Der Abt Pierre Pourcher kam jedoch auf eine weitaus höhere Opferzahl, als er in seinen Aufzeichnungen mehr als 100 Opfer aufzählte, welche er den Pfarrregister aller Pfarreien, in denen die Bestie wütete, entnommen hatte. So bleiben selbst die exakten Opferzahlen recht spekulativ.

Und auch über die Herkunft der Bestie gibt es etliche Spekulationen. Angefangen vom Werwolf, meist verkörpert im Wildhüter Jean Chastel, bis hin zu afrikanischen Wildtieren oder Mischwesen davon. Pavian, Hyäne, Löwe, Leopard, aber auch Mischlinge aus Wolf und Hund mussten in den verschiedensten Theorien als Täter herhalten.

Doch was ist mit dem Kadaver des geschossenen großes Wolfes, nach dessem Tod die Mordserie endete? Immerhin befindet sich das angebliche Fell dieses Tieres noch heute in der Naturhistorischen Ausstellung des Louvre in

Paris. Wissenschaftler vom Pariser Museum für Naturgeschichte haben die Aufzeichnungen der Anatome aus dem Jahre 1767 noch einmal durchgesehen. Das Gebiss stammt zweifelsfrei von einem wolfsartigen Tier, also ein Hund oder ein Wolf. Das Gewicht von fast 60 Kilogramm stimmt mit dem eines ausgewachsenen Wolfes überein. Der Schädel weist Bestandteile beider Tiere auf. So sind die Kiefer kräftiger als bei der Wildform, und auch der Schädel ist massiver gebaut. Die Größe der Zähne lässt allerdings auf einen Wolf schließen. Der vordere Teil des Körpers ist hundeartig, der hintere Teil ähnelt einem Wolf. Die Experten sind der Ansicht, dass das Wesen, sollte es sich tatsächlich um das Monster handeln, ein Bastard aus einem Wolf und einem großen Hund gewesen sein könnte.

Abgesehen von der wahren Identität wirft auch der Mischling Fragen auf. So sind weder Wolf noch Hund in der Lage einen Kopf abzutrennen. Auch stieg die Zahl der enthaupteten Opfer jedesmal an, wenn das Tier gerade wieder verwundet worden war. Einige Opfer wurden komplett entkleidet aufgefunden. Ein Tier, das sich die Mühe macht, sein Opfer auszuziehen?

Zudem fürchten sich Wolf und Hund als Wildform normalerweise vor dem Menschen und gehen ihm aus dem Weg. Raubtiere halten sich bei der Jagd in der Regel an alte und schwache Tiere. Das Monster von Gévaudan ließ jedoch das Vieh links liegen und ging zielstrebig auf Frauen und Kinder los.

Diese Tatsachen haben mehrere Theorien aufkommen lassen. Das Tier könnte die Tollwut gehabt haben, wobei es dafür zu lange lebte. Es hat Geschmack an Menschenfleisch gefunden oder jemand hat es auf Menschen trainiert.

So kam auch die Theorie auf, das Jean Chastel mehr mit der Bestie zu tun haben könnte, als es in den Unterlagen erfasst wurde. Die Rolle von Jean Chastel, dem „Bezwinger" der Bestie, ist völlig unklar. Untersuchungen an seiner Unterschrift weisen ihn als verschwiegenen, umsichtigen und berechnenden Mann mit kriminellen Tendenzen aus. Möglicherweise hat er die Bestie trainiert und das Ganze ist ihm über den Kopf gewachsen.

Unabhängig davon kam die Bestie für einige auch gerade zur rechten Zeit. Die Kirche bekam durch die Bestie einen regen zulauf. Predigten über die Geißel Gottes fanden immer mehr Gehör. Die Menschen in Frankreich lebten im 18. Jahrhundert in großer Armut. Der Unmut wuchs und nur kurze Zeit nach den Ereignissen im Gèvaudan kam es zur Revolution. Ein Monster, dass die Bevölkerung terrorisiert und dass der König dann zur Strecke bringen lässt, kam Ludwig XV. möglicherweise nicht einmal ungelegen. So gehen einige Thesen davon aus, dass es sich um eine geplante Mordserie weitab vom Königssitz gehandelt haben könne, welche man einer Bestie zuschrieb, um das Ansehen in der Bevölkerung wieder anzuheben.

In der Tat könnte die Beschreibung eines Zeugen diese These stützen. Jaques Portefaix, ein Schuljunge, welcher die Bestie mit einer Mistgabel in die Flucht schlug, will einen Mann mit Wolfsfell gesehen haben. Zudem will er diesen erkannt haben. Dies schreibt er in einem Brief an den König. Indes war es ihm im 18. Jahrhundert unmöglich, den Namen zu nennen. Konflikte wurden im Dorf ausgetragen.

Dagegen sprechen allerdings alle anderen Zeugenaussagen und die Berichte der überlebenden Opfer, welche allesamt von einem großen Wolf oder einem wolfsähnlichen Wesen berichten. So bleibt unklar, ob es sich um die Taten einer Bestie, eines trainierten Tieres oder eines Menschen und eines Tieres gehandelt haben könnte.

In Gévaudan indes ist die Legende um die Bestie auch heute noch lebendig, so dass der Spruch umhergeht: *„Wenn es im Gebüsch knackt, sieh um Dich!"*

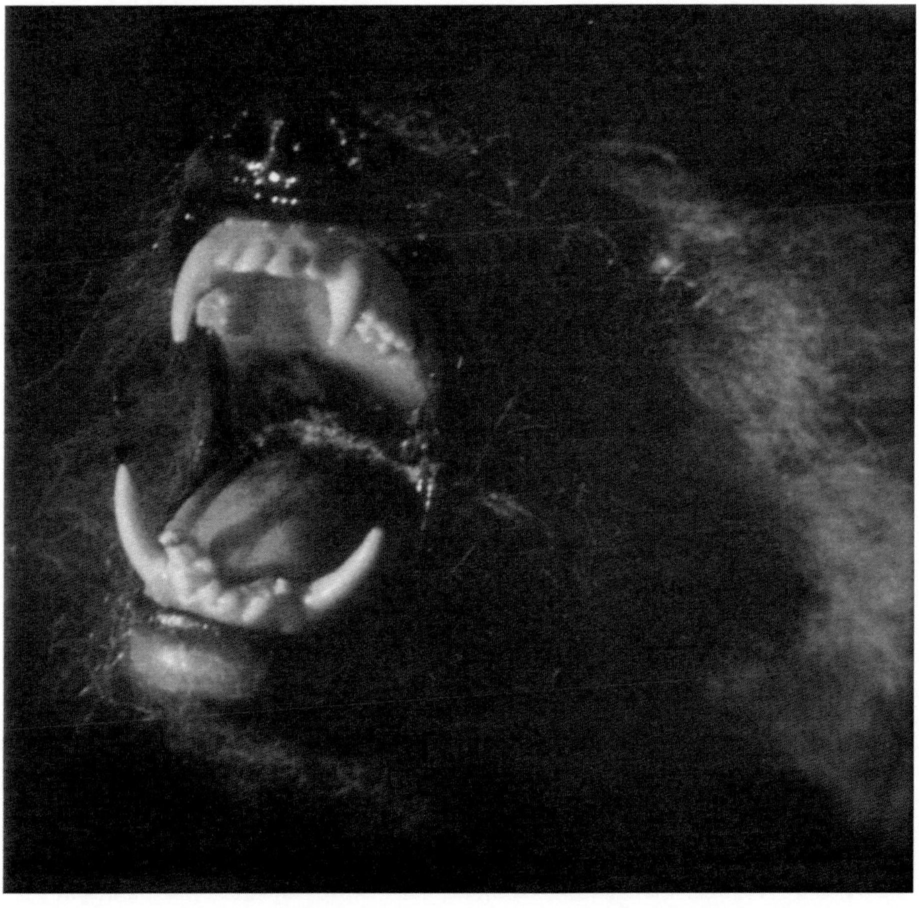

Geheimnisvolle Mammute

Vor über 200.000 Jahren streiften über die Kontinente dicke zottige Geschöpfe mit gewundenen Stoßzähnen und einer Länge bis zu vier Metern und Oberschenkelknochen so groß wie ein erwachsener Mensch. Das Mammut, mit einer Gesamthöhe wie ein einstöckiges Haus und einem Gewicht von etwa 130 Menschen. Ihre Abstammung geht etwa 55 Millionen Jahre zurück, nach dem die Ära der Dinosaurier bereits 10 Millionen Jahre vergangen war. Von den ersten Rüsseltieren (*Proboscidea*) dauerte es 50 Millionen Jahre, bis das Mammut, so wie wir es kennen, entstand. Die heute noch existierenden Verwandten des Mammuts, die Elefanten, sind die letzten Überlebenden einer ursprünglich weitverbreiteten und verschiedenartigen Tiergruppe, deren Entwicklungsgeschichte 55 Millionen Jahre umfasste. Damals gab es weltweit etwa 160 verschiedene Arten von Rüsseltieren, heute gibt es nur noch den indischen und den afrikanischen Elefanten. Das *Proboscidea* ist das älteste Rüsseltier, welches im Gebiet des ehemaligen Tethys-Meeres lebte. Dieser besaß keinen Rüssel und kleine Hauer. Einige der fast Nilpferdähnlichen Geschöpfe namens *Barytherien* wurden extrem groß und schwer. Die *Deinotherien* waren die ersten Rüsseltiere, welche tatsächlich auch einen Rüssel besaßen. Diese tauchten vor ungefähr 40 Millionen Jahren auf. Der Rüssel entstand durch die Vereinigung der Nase mit der Oberlippe. An der Ansatzstelle am Schädel befindet sich eine große, ausgeprägte Nasenöffnung in Form eines Schlüssellochs, aufgrund dessen kann man darauf schließen, dass die fossilen Formen dieser Ordnung einen Rüssel besaßen. Die Stoßzähne sind außerordentlich große Schneidezähne. Bei manchen Arten wurden die Stoßzähne von den unteren Schneidezähnen gebildet, bei anderen Arten, wie dem Mammut und den heute lebenden Elefanten, sind es dagegen die oberen Schneidezähne. Viele fossile Rüsseltiere haben sowohl untere als obere Stoßzähne. Vor 25 bis 5 Millionen Jahren entwickelten sich viele verschiedene Arten, welche allgemein als Mastodonten bezeichnet werden, die wiederum auch in mehrere verschiedene Familien unterteilt waren. Das amerikanische Mastodon (*Mammut americanum*) lebte bis vor etwa 10.000 Jahren, ist aber keineswegs mit dem entfernt lebenden Mammut zu verwechseln. Die Fachbezeichnung dieser Gattung heißt *Mammuthus*, diese lebten zwar zeitgleich mit den Mammuts, dessen Stammesgeschichte vor etwa 25 Millionen Jahren von den anderen trennte. Das amerikanische Mastodon lebte überwiegend in Nadelholzwäldern und war auf dem gesamten nordamerikanischen Kontinent weit verbreitet. Sein Kopf war im Vergleich zum heutigen Elefanten länger und flacher, die Stoßzähne deutlicher nach oben gekrümmt.

Die heutigen Elefanten stammen von der Familie der Stegodonten ab, welche in Südostasien und in Afrika vorkamen. Sie hatten lange, gerade Stoßzähne und ihre Backenzähne besaßen schon die Ansätze einer Gliederung durch Schmelzlamellen, die Merkmale der späteren Elefanten. Nach und nach wanderten sie nach Norden und erreichten vor rund zweieinhalb bis drei Millionen Jahren die Wälder Europas. Das Ur-Mammut (*Mammuthus meridionalis*) war der Stammvater aller folgenden Mammut-Arten, von der zwei separate Entwicklungslinien ausgingen. Zum einen der Steppenelefant (*M. trogontherii*), zum anderen das nordamerikanische Mammut (*M. columbi*). Die ersten Mammuts hatten ein ähnliches Aussehen wie die heutigen Elefanten. Ein zotteliges Haarkleid brauchten sie nicht, da zu dieser Zeit noch warme Temperaturen herrschten. Mit einer Schulterhöhe von 4,3 Metern und einem Gewicht von mindestens 10 Tonnen war das Steppenmammut das größte aller Zeiten. Diese wanderten vor etwa 600.000 Jahren durch ganz Mitteleuropa auf der Suche nach Nahrungspflanzen, wie Gras, Blätter von Zweigen und Sträuchern. Das zottelige Mammut (*M. primigenius*) stammt vom Steppenmammut ab, dass seinerseits aus dem ersten ursprünglichen Mammut (*M. meridionalis*) hervorging. Vor rund 2 Millionen Jahren begann sich das Klima der Erde abzukühlen - der Beginn des Eiszeitalters. Mit der zunehmenden globalen Abkühlung verwandelte sich das warmzeitliche Gebiet mit ausgiebigen Baumbestand, in welchen das ursprüngliche Mammut lebte, in eine öde Graslandschaft. Diese Umweltveränderung leitete die fortlaufende Evolution ein. Rund 750.000 Jahre später stand am Ende dieses Entwicklungsprozesses die wohl bekannteste Art, das Wollhaarige Mammut (*Mammuthus primigenius*), mit seinen typischen Merkmalen. Kleine Ohren, spitz zulaufendes Rüsselende und sehr langen Haaren, welche zum Schutz vor der Kälte dienten.

Dieses hatte eine etwa 3 cm dicke Haut mit Wolle und auch bis zu 2 m lange Haare. Sie lebten in kalten Klimazonen und zogen nach Norden, als die Gletscher der Eiszeit zurückgingen. Während des Pleistozäns waren sie in Europa, Asien und Nordamerika verbreitet. Allein in Sibirien dürften einst etwa 50.000 Tiere in Herden umhergezogen sein. Der amerikanische Zweig der Mammutfamilie (*M. columbi*) entwickelt sich aus Populationen von *M. meridionalis*, dem ursprünglichen Mammut, welche vor etwa eineinhalb Millionen Jahren die neue Welt betraten. In Eurasien ging aus derselben Ahnform *M. primigenius*, das Wollhaarigen Mammut hervor. Der Weg nach Nordamerika verlief in östliche Richtung. Die Nordspitze von Asien und die Nordspitze Amerikas sind heute durch eine 100 Kilometer breite Meeresenge voneinander getrennt, aber während jeder Eiszeit fiel der Meeresspiegel um etwa 100 Meter, da größere Mengen an Wasser in den Eiskappen gebunden waren. So war es für sie möglich die Strecke der Beringstrasse zwischen Sibirien und Alaska zu bewältigen. Die Einzelheiten des Nordamerikanischen Mammuts sind teilweise unsicher, da dieses Tier eher südliche Gebiete besiedelte. Daher nimmt man an, dass das Fellkleid weniger ausgeprägt war als bei seinem nahen Verwandten, dem Wollhaarigen Mammut. Trotz dieser Unsicherheit ist bekannt, dass diese Geschöpfe bis zu vier Meter Höhe erreichten und etwa zehn Tonnen Gewicht besaßen.

Vor ungefähr 100.000 Jahren gab es eine zweite Einwanderungswelle von Mammuts, diesmal von dem Wollhaarigen Mammut. Dort streiften sie durch Alaska, Kanada und die nördlichen Vereinigten Staaten. Die Mammuts stießen nie in die südlichen Zonen von Amerika oder Südasien vor. Vor nur 30.000 - 12.000 Jahren lebten auf mehreren Inseln weltweit die kleinsten ihrer Art, die

Zwergmammuts (*Mammuthus exilis*), welche die Größe von 1,8 Metern nicht überschritten. Der Grund für die Verzwergung mag das Nahrungsangebot auf den begrenzten Lebensräumen einer Insel zurückzuführen sein, sowie auch die Tatsache, dass es dort meist keine natürlichen Feinde wie Wölfe oder andere Raubtiere gab. Bislang fand man etwa 50 Zwergmammuts, die meisten davon auf Santa Rosa, wo zuletzt 1994 ein vollständiges Skelett gefunden wurde.

Bisher geborgene Mammut-Kadaver sind in der Regel 30.000 bis 50.000 oder 13.000 bis 10.000 Jahre alt. In diesen Phasen herrschte relativ mildes Klima, während dessen Schlammströme die Kadaver mit hoher Geschwindigkeit verschütteten und konservierten.

Überreste von den beeindruckenden Mammuts sind durchaus keine Seltenheit. In den vergangenen Jahrhunderten hat man mehrere Funde in den Eiswüsten Sibiriens und Alaskas entdeckt, sowie auch in den Pechgruben von Los Angeles, auf dem Meeresgrund der Nordsee, in Kiesgruben, Höhlen und Kohlebergwerken. Von einigen waren nur noch die Knochen übrig, andere wiederum waren gut erhaltene Exemplare mit Haaren, Haut, Fleisch, Blut und inneren Organen. Es gibt Schätzungen, nach denen noch zehn Millionen Mammut-Kadaver in den Permafrostböden Sibiriens liegen.

Im Jahre 1799 machte der Häuptling Shumakow des Tungus-Stammes eine interessante Entdeckung. Auf der Suche nach Elfenbein zog er mit seinen Landsleuten durch das vereiste Land. Am Ufer des Flusses Lena in Sibirien stieß er auf einen riesigen Eisblock, in dem sich ein merkwürdiger dunkler Schatten befand. Der abergläubische Elfenbeinjäger entschloss sich daraufhin seine Jagd zu beenden und kehrte nach Hause zurück. Im darauffolgenden Jahr kehrte er wieder an diese Stelle zurück, doch der Eisblock war bereits zu zwei dritteln geschmolzen. Voller Ehrfurcht erblickte Shumakow ein riesiges Mammut. Panik stieg in ihm auf, denn nach dem Glauben seines Volkes bedeutete ein solcher Anblick den Tod. Er hatte dieses Mammut angeschaut und somit war ihm sein Tod gewiss. Kurze Zeit später erkrankte er, doch nach qualvollen Tagen und Wochen erholte er sich wieder. Von Habgier gepackt machte er sich auf, um die Stoßzähne des Mammuts zu bergen. Er hatte den ersten Anblick überlebt, warum sollte er dann nicht wieder zurückkehren um das wertvolle Elfenbein zu holen? Als er jedoch vor dem mittlerweile völlig freigelegten Tier stand, versagten seine Nerven. Sein Aberglaube war doch stärker als die Gier nach mehr Elfenbein. Doch die Geschichte von seinem Fund wollte er nicht für sich behalten. So erfuhr der Elfenbeinjäger Roman Boltunow von dem Mammut. Nachdem er die Stoßzähne entfernt hatte schickte er eine Zeichnung des Mammuts an Professor Michail Iwanowitsch Adams in St. Petersburg. Adams ergriff die Chance und brach 1806 zu einer Expedition auf, um den Kadaver des Mammuts zu bergen. Die zugängliche Seite des gewaltigen Tieres war bereits von Wölfen zerfressen, nach über 12.000 Jahren im Eis war dieses Fleisch also noch immer genießbar. Der Rüssel sowie die Vorderbeine fehlten. Doch der Schädel des Riesen war noch völlig intakt und das dichte Fell bedeckte den massigen Körper. Haarbüschel, welche herabfielen, wogen im Durchschnitt 1,7 Kilo und einige Borsten des gewaltigen Tieres waren siebzig Zentimeter lang. Der Trupp von Adams zerlegte den Kadaver des Tieres und bereitete alles für den Transport nach St. Petersburg vor. Alleine um das rötliche Fell des Tieres anzuheben waren zehn starke Männer notwendig. Adams kaufte für ein Vermögen die Stoßzähne von Roman Boltunow zurück und so gelangte das Mammut in Einzelteilen nach St. Petersburg. 1808 wurde das Adams-Mammut wieder zusammengesetzt. Das fehlende Vorderbein wurde durch Gips und Holzknochen ersetzt. Dies war weltweit das erste zusammengesetzte Mammut überhaupt. Insgesamt fünf Meter lang, drei Meter hoch. Es handelte sich bei diesem Mammut um ein Männchen, welches ungefähr im Alter von 45 Jahren gestorben war. Haut und Haare des Riesen wurde an Museen auf der ganzen Welt versandt.

Im Juli 1977 machte Alexej Logatschew, ein Planierraupenfahrer, den bemerkenswertesten Fund (etwa 40.000 Jahre alt) in der jüngeren Zeit. Hierbei handelte es sich um den beinahe unversehrten Kadaver eines sechs Monate alten Mammutkalbs im Wasserlauf des Kirgikjach, eines Nebenflusses des Berelech im Magadan-Gebiet. Der vollständig gefrorene Kadaver lag auf seiner linken Seite unter einer zwei Meter dicken Schicht aus gefrorenem Schlamm. Leider wurde ein Teil der rechten Seite des Mammutkalbs vom Planierschild abgetrennt. Bei dem männlichen Mammutkalb "Dima" handelte es sich um ein etwa 6 bis 12 Monate altes Tier, 90 cm groß, 110 cm lang, das vor rund 40.000 Jahren lebte. Die Stoßzähne haben die Haut noch nicht durchstoßen. Der Körper war gut erhalten und enthielt sämtliche inneren Organe. Einige Wollhaare am Körper waren ebenfalls vollständig erhalten geblieben. Zu Lebzeiten hatte das Tier wohl ein Gewicht von etwa 115 Kilo, der dehydrierte Leichnam wog jedoch nur noch 61 Kilo. Dima starb im kranken Zustand, von einem schweren Parasitenbefall betroffen. Es starb vermutlich, indem es in einer Bodenvertiefung oder in einem Sumpf steckenblieb. In einem Delirium verfallen schluckte es Schlamm und fraß Haare des eigenen Körpers, welche man im Magen des Kalbes fand. Dima wurde in den folgenden Jahren noch tiefer unter mehreren Schichten aus Lehm und Steinen begraben, wo es dann dank der Goldgräber wieder auftauchte. Diese mussten mehrere Erdschichten abtragen um an die goldhaltigen Ablagerungen zu gelangen So haben sie unbewusst das Grab des Mammutkalbes Dima freigelegt.

Im Flussbett des Berelech, einem Nebenfluss der Indigirka, befindet sich die wohl größte und bekannteste Ansammlung von Mammutknochen. Zwischen 1970 und 1980 sammelte man bei Expeditionen zu diesem Fundort insgesamt 8830 Mammutknochen von mindestens 156 Mammuts. Dies ist wie folgt zu erklären. Über Jahrhunderte hinweg kamen Mammuts ums Leben, wenn sie an Flusstälern entlang liefen oder ins Eis einbrachen. Ihre Knochen wurden von der Strömung wahrscheinlich zu Vertiefungen, Staugewässern und Mäanderabschnürungen transportiert. Der Berelech schlängelt sich durch die sanft abfallende dauergefrorenen Hügellandschaften, welche durch den Fluss und das Tauwetter beständig erodiert werden. Aus diesen Hügeln werden daher die

Knochen von verschiedenen Mammuts freigewaschen und damit im Flussbett des Berelech auftauchen.

1988 wurde beim Abräumen einer Sandgriebe durch einen Bulldozer ein weiterer Mammut-Friedhof am linken Ufer der Seva im Südosten der Provinz Brjansk südlich von Moskau entdeckt. Dort fand man bislang Knochen von mindestens 36 Mammuts. Mehrere Skelette waren fast nahezu vollständig, zudem waren fast die Hälfte der dort gefundenen Exemplare noch Jungtiere. Die Mammuts von der Seva mussten in einem kurzen Zeitabschnitt gestorben und dann baldigst vom Flusssand ganz begraben worden sein. Vielleicht wurde eine Gruppe von Mammuts vor mehr als 13.900 Jahren von einer Flut überrascht und schnell unter Schwemmablagerungen begraben. Dies ist bislang der größte natürliche Mammutfriedhof Europas.

Mitten in Los Angeles, auf der Höhe des Wilshire Boulevard, befindet sich die berühmte Pechgrube von La Brea. 1875 entdeckte man dort erstmals fossile Überreste im Pech/Teer. Seit dieser Zeit hat man sagenhafte 100 Tonnen Fossilien (zwischen 40.000 und 10.000 Jahre alt), unter anderem 1,5 Millionen Stücke von Wirbeltieren und 2,5 Millionen Stücke von wirbellosen Tieren, geborgen. Von den kleinsten Lebewesen über Riesenfaultiere, bis hin zu 17 Rüsseltieren, darunter Mastodonten und dem Nordamerikanischen Mammut, war dort alles im Pech konserviert.

Auch in Deutschland fand man einige Übereste von Mammuts. Ein Fund verdanken wir dem Hobby-Archäologen Gustav Adolf Spengler, welcher gemeinsam mit seinen Kindern ab dem Jahre 1930 in einer Kiesgrube bei Edersleben ein vollständig erhaltenes Skelett eines Steppenmammuts entdeckte und konservierte. Diesen mittlerweile im Spengler-Museum in Sangerhausen aufgestellte Prachtexemplar lebte vor 500.000 Jahren, war vier Meter hoch und hatte eine Masse von fast vier Tonnen.

Das größte Skelett eines Mammuts aus Europa ist das Mammut "Oskar", welches in der Nähe von Koblenz 1975 gefunden und 1987 geborgen wurde. Man schätzt das Alter dieses Mammuts auf etwa 90 Jahre, wobei normalerweise die Lebensdauer eines Mammuts nur bei 65 Jahren liegen sollte. Dieser Fund des vor mehr als 48.000 Jahren verstorbenen Tieres jedoch lässt die bisherige These ins schwanken kommen.

Von Beginn an wob der Mensch Mythen um das Mammut, dessen Knochen man in Europa und Asien schon in der Antike gefunden hatte. Wegen der gewaltigen Ausmaße vermuteten Herodot oder Plinius, es seien Knochen von Heroen, Riesen, Drachen oder anderen menschenfressenden Monstern. Erst um 1800 konnte man zweifelsfrei die eigene Art *Elephas primigenius* klassifizieren.

Das Mammut war für die Menschen der Eiszeit eine wichtige Nahrungsquelle und gehörte zu ihrer bevorzugten Jagdbeute. War ein Mammut erlegt, so wurde es praktisch vollständig verwertet. Mit dem Fleisch eines jener fünf Tonnen schweren Riesen hatten die Bewohner eines Dorfes Nahrung für mehrere Monate. Neben Fleisch und Fett als Nahrung wurden auch Knochen, Sehnen und Fell weiter verarbeitet. Natürlich war auch das Elfenbein der Stoßzähne ein begehrter Rohstoff zur Herstellung von Waffen und Schmuck. Die Wolle der Rüsseltiere diente zum Stricken und Nähen von Kleidung. In Mezhirichi, etwa 110 Kilometer südlich von Kiew, wurden vor einigen Jahren Reste menschlicher Behausungen entdeckt, die aus Mammutknochen und Stoßzähnen errichtet worden waren. Die urzeitlichen Hütten werden auf 15.000 bis 19.000 Jahre zurückdatiert.

Eine ganze Reihe von Wissenschaftlern geht davon aus, dass das Mammut wahrscheinlich das erste von Menschenhand ausgerottete Tier war. Während des Zeitraumes vor 12.000 - 10.000 Jahre nahm die Zahl der Menschen rapide zu. Sie entwickelten neue Technologien, unter anderem auch auf dem Gebiet der Jagd. In vielen Überresten und an Skeletten der Riesen fand man Speerspitzen, welche der Jagd dienten. Selbst in Höhlen findet man Abbildungen von Jagdszenen von Mensch und Mammut.

Andere Theorien sehen die Jagd nicht als einzigen Grund für das Aussterben der Mammuts. Es dauerte mehrere Tage, manchmal sogar Wochen, um ein ausgewachsenes Tier zu töten. Ein Grund für diese Thesen ist, dass das Mammut nicht in der Lage war sich schnell genug fortzupflanzen und durch die Jagd der Bestand von Mammuts durch Menschen stark reduziert wurde. Schließlich wird ein Mammut erst mit 15 Jahren Geschlechtsreif. Dann bei einer Tragezeit von zwei Jahren mit nur einem Kalb pro Wurf, und die Weibchen waren nach einer Geburt erst vier Jahre später in der Lage wieder zu gebären, war es diesen Tieren nicht möglich ihren Bestand aufrecht zu erhalten. Die Menschen waren daher mit Sicherheit am Aussterben der Mammuts beteiligt. Vielleicht aber war es nicht nur die Jagd, welche ihren Beitrag zum Aussterben brachte, sondern durch ein vom Menschen übertragenes Virus. Dies kann mit anderen Faktoren durchaus zur totalen Ausrottung der Spezies geführt haben.

Doch nicht nur das Mammut starb in einer kurzen Zeitperiode vor 40.000 - 10.000 Jahren aus. Auch weitere größere Säugetiere, die sogenannte Megafauna, auf der ganzen Welt verschwanden. Nordamerika verlor etwa 40 Tierarten oder 70% des gesamten Bestandes an großen Säugetieren. Neben den Mammuts zählen hierzu verschiedene Arten von auf dem Boden lebender Faultieren, Kamelen, Hirschen und der Säbelzahntiger. In Südamerika waren 80% der großen Säugetiere, einschließlich der Pferde, Gürteltiere und Riesennagetiere von dieser Sterbewelle betroffen. In Australien starben über 40 Arten, das macht 90% des Gesamtbestandes aus. Darunter war das Riesenkänguru, der Riesenwombat, der Beutellöwe und weitere Tierarten. In Europa starben vergleichsweise weniger Arten. Neben dem Mammut war das Wollnashorn, der Höhlenbär und der Riesenhirsch betroffen.

Oder starben die großen Tiere durch Nahrungsmangel, in Verbindung mit der Bejagung durch den Menschen? Man muss sich auch vor Augen halten, dass ein ausgewachsenes Mammut einige hundert Kilo an Futter pro Tag benötigte. Bedenkt man, dass alleine in Sibirien mindesten 50.000 dieser Tiere gleichzeitig lebten, ist kaum vorstellbar, wie sie in der kargen Tundra genug Nahrung finden konnten.

Führte vielleicht Ersticken zum raschen Aussterben der Riesen? Wenn diese Theorie zutreffen sollte, dann musste damals eine plötzlich auftretende Katastrophe stattgefunden haben. Entweder hat sich die Erdkruste bewegt oder die Erdachse verschob sich schlagartig. Falls wirklich eine der beiden Ursachen der Grund wäre, dann resultierten daraus Erdbeben und Vulkanausbrüche, die das Klima der Erde in einem großen Ausmaß kräftig veränderte. Es herrschten wohl furchtbare Schneestürme, welche immer mehr an Kraft gewannen, Aschewolken verdeckten monatelang die Sonne, riesige Flutwellen richteten unglaubliche und noch nie dagewesene Verwüstungen an. Bei einer solchen Naturkatastrophe könnten damals die Mammuts von Schnee überdeckt worden sein. Schmelzwasserfluten spülten Schelmsand heran und hüllten dann die toten Tiere ein. Die Tiere samt der Umhüllung gefroren zu einem massiven Block und konservierten das Mammut auf diese Weise für Jahrtausende. Bei diesen Vernichtungswirbeln sammelten sich weit über der Erde Giftgase an, die dann eines Tages zu Boden sanken. Doch auch zu dieser Theorie gibt es duzende ungeklärte Fragen. Wieso wurden bei den Kadavern der gefundenen Tiere kein vulkanischer Staub gefunden? Selbst das Eis, in dem die Tiere über Jahrtausende lagen, weist keine Spuren von Vulkanstaub oder giftigen Gasen auf. Es gibt auch keine Hinweise, dass zu jener Zeit ein Kometen- oder Meteoriteneinschlag eine globale Verheerung angerichtet hätte. Die letzte große bekannte Katastrophe fand vor etwa 74.000 Jahren statt, als der Supervulkan Toba explodierte und selbst den Menschen auf wenige tausend Exemplare dezimierte. Aber die Megafauna existierte nachweislich noch lange nach diesem Ereignis.

Den Theorien zufolge, die das Klima für das Massenaussterben verantwortlich machen, führten drastische Veränderungen in Klima und Vegetation weltweit zum Verschwinden der Mammuts und weiterer großer Säugetiere. Vor etwa 15.000 Jahren begann sich das Klima weltweit zu erwärmen und die Eisdecken begannen zu schmelzen. Diese Wärmephase erreichte vor etwa 13.000 Jahren ihren Höhepunkt. Dann fielen die Temperaturen wieder und leiteten eine neue kalte und trockene Klimaphase ein. Diesen ständigen Phasen ausgesetzt könnten die Mammuts zum Aussterben gebracht haben. Jedoch konnten sich diese Tiere nahezu perfekt auch an mildere Phasen anpassen. Durch diese Veränderung des Klimas innerhalb kürzester Zeit kann aber der Vegetation sehr zu schaffen gemacht haben. Viele pflanzerfressenden Säugetiere fanden nicht mehr genügend Nahrung und verendeten im Laufe der Zeit, bis die ganze

Spezies extrem angeschlagen war. Und die Bejagung durch den Menschen versetzte den letzten Todesstoß. Fossile Pflanzenreste machen es zudem wahrscheinlich, dass die Veränderung in der Vegetation gegen Ende der letzten Eiszeit sehr gravierend waren. Doch warum starben diese Tiere ausschließlich gegen Ende der letzten Eiszeit aus. Es hatte schon früher mindestens 22 größere und mehrere tausend kleinere klimatische Umschwünge gegeben.

Vielleicht war es das Zusammenspiel aller Theorien, die Klimaveränderung, an welcher sie schon schwer zu schaffen hatten. Dann kam der Mensch und jagte sie, Doch was ist mit den anderen großen Säugetiere rund um die Welt, welche der Mensch mit Sicherheit nicht wagte diese zu jagen? Oder in Gebieten in denen der Mensch kaum oder gar nicht verbreitet war?

Jedoch sind all diese Theorien bis heute reine Spekulation, denn es gibt für jede dieser Thesen keine eindeutigen Beweise. Sind jedoch vor 12.000 Jahren tatsächlich alle Mammute auf unserem Planeten ausgestorben? Auf der Wrangel-Insel vor der Küste Nordostsibiriens überlebten Mammuts weitaus länger als man ursprünglich dachte. So konnten Funde auf ein Alter zwischen 4000 und 3500 Jahre datiert werden. Auf einer etwa 3500 Jahren alten ägyptischen Grabmalerei ist ein sehr kleiner behaarter Elefant mit Stoßzähnen zu erblicken, welcher nach Ansicht mehrerer Forscher ein Zwergmammut sein könnte. In den Legenden der Eingeborenen der weiten Tundragebiete Sibiriens leben die Erzählungen von gewaltigen Rüsseltieren, welche nur sehr selten zu sehen sind, noch heute weiter.

Diese Tiere sollen unterirdisch leben und nur hin und wieder an die Erdoberfläche kommen. Wer ein solches Tier zu Gesicht bekommt, den wird bald ein schlimmes Schicksal ereilen. Die Inuit der Beringstrasse glauben heute noch, dass sich ein gewaltiges Tier in der Erde verkrochen habe. Die Naskapi im Nordosten Labradors leben heute noch in Angst vor einem Ungeheuer mit großen Zähnen und einer langen Nase, die wohl dazu dient, um dessen Feinde zu erschlagen. Gegen Ende des 16. Jahrhunderts berichtete ein Reisender ein Zusammentreffen mit einem Mammut in Sibirien, jenseits des Urals. Im Jahr 1920 erzählte ein Jäger, welcher die letzten vier Jahre allein in der Taiga verbracht hatte und dann nach Wladiwostok zurückgekehrt war, dass er vor zwei Jahren frische eiförmige Tierspuren im Schlamm entdeckt habe, ungefähr 60 cm lang und 50 cm breit. In dortiger unmittelbaren Nähe stieß er auf einen riesigen Kothaufen aus Pflanzenresten und Ästen, welche nur auf etwa 3 m hohen Bäumen wachsen. Tagelang verfolgte er die Spur, bis er aus nur 275 m Entfernung einen riesigen behaarten dunkelbraunen Elefanten mit weißen sehr verkrümmten Stoßzähnen gesehen haben will.

Auch existieren weitere Augenzeugenberichte aus den letzten Jahrhunderten, welche in den abgelegenen Gebieten Sibiriens langhaarige Elefanten gesehen haben wollen - ohne wirklich zu Wissen, was ein Mammut ist. So berichtete der Kosaken-Anführer Timofejewitsch Jermak im Jahr 1580: *"Wir sind behaarten*

Elefanten begegnet, lebende Fleischberge, die wie die einheimische Bevölkerung erklärt, eines der größten Reichtümer des Landes bilden".

Russische und Japanische Wissenschaftler sind derzeit auf der Suche nach genug gut erhaltenem Erbmaterial, um die Tiere klonen zu können. Ihr Ziel ist es, Mammuts und andere Vertreter der Megafauna zum Leben zu erwecken, um sie besser studieren zu können. Es ist auch die Rede von einen "Pleistozän-Park", in welchem diese Giganten wie in einem Zoo ausgestellt werden sollen. Dies ist jedoch, wenn überhaupt, in ferner Zukunft möglich. Schon in den sechziger und siebziger Jahren des 20. Jahrhunderts machten die russischen Wissenschaftler den Versuch und entnahmen der Zelle eines Mammuts Genmaterial, und transplantierten es in die Eizelle einer Elefantenkuh, deren Genmaterial zuvor entfernt worden war. Das Ei sollte dann wieder in den Elefanten implantiert werden. Doch dieser Versuch blieb offiziell erfolglos. Auch in den 1990er Jahren machten japanische Wissenschaftler derartige Versuche. Ob die Versuche diesmal gelangen ist fragwürdig, aber es wurden niemals offizielle Ergebnisse verkündet.

Spannend bleibt die Frage nach dem genauen Aussterbegrund der Mammuts und wann genau die letzten Exemplare lebten. Stimmen die Erzählungen, dass noch in jüngster Vergangenheit einzelne Exemplare lebten? Und wenn ja, wo sind diese abgeblieben? Leben selbst heute noch, trotz besserer Überwachung aus der Luft, noch irgendwo letzte Restpopulationen in den entlegendsten Gebieten Sibiriens?

Das Mammut bleibt ein geheimnisvolles Wesen, von welchem in etlichen Quellen noch berichtet wird. Die Fragen nach eventuellen noch vor kurzem lebenden oder gar rezenten Exemplaren können nicht beantwortet werden, solange keine Daten hierfür vorliegen. Allerdings ist die Existenz eines solch gewaltigen Tieres in unseren Tagen, welches einer besseren Sichtung entgangen sein könnte, sehr unwahrscheinlich. Einzig der Lebensraum in den abertausend Quadratkilometer großen und fast menschenleeren Gebieten Sibiriens mit seinen Tundrasteppen und den gewaltigen Waldgebieten könnte durchaus einige größere Lebewesen verbergen. Letztendlich gilt für überlebende Mammuts die gleiche Fragestellung, wie diese z.B. auch auf das gewaltige Mokèle Mbèmbe. Wie können sich solch große Wesen vor einer Entdeckung dauerhaft verbergen?

Bildverzeichnis

Literaturliste

- Roy Chapman Andrews: Auf der Fährte des Urmenschen. Abenteuer und Entdeckungen dreier Expeditionen in die mongolische Wüste. Leipzig, Brockhaus, 1927
- Spuren des Unbekannten, Michael Schneider, BoD Norderstedt, 2002
- Thomas Ebert: Aschaffenburger Sagen, Eigenverlag, 1990
- John Ridgway und Chay Blyth, A Fighting Chance, London 1967
- In the Wake of the Sea-Serpents, Bernard Heuvelmans, 1966
- Ludwig Jahn, Karl Mayhoff (Hrsg.): C. Plini Secundi Naturalis historiae libri XXXVII. Stuttgart 1967–2002
- www.Cryptozoology.com
- www.cryptomundo.com
- www.kryptozoologie.net
- www.kryptozoologie-online.de
- In the Track of Unknown Animals, Bernard Heuvelmans,1966
- In Search for Prehistoric Survivors, Karl. P.N. Shuker
- Cryptozoology A to Z, Loren Coleman, Jerome Clark
- Pterosaurs, the Flying Reptiles, Helen Roney Sattler
- Tierwelt Amerikas, Jiri Felix
- Riesenkraken und Tigerwölfe, Lothar Frenz
- Rätselhafte Wesen, Janet Cave
- Weltatlas der rätselhaften Phänomene, Karl P. N. Shuker
- The Leviathans, Tim Dinsdale
- Die letzten Rätsel dieser Welt, Roland Gööck
- Der Amazonas, TIME-LIFE Collection
- Geheimnisvolle Welten, Arthur C. Clarke und John Fairley
- Das neue Universum, Bd. 69 – 77, Union-Verlag, Stuttgart
- Das große Buch der Mythologie, C. Scott Littleton
- Magazin „Der einsame Schütze“, News-Archiv
- Creatures of Fear and Fable, Orbis Publishing Ltd., London
- Sky Creatures, Trevor James Constable
- Auf den Spuren des Schneemenschen, Dmitri Bajanow
- UFOs – Urwelt - Ungeheuer, Helmut Höfling
- Magazin „Pteraodactylus“, Hans-Jörg Vogel (Hrsg.)
- Rätselhafte Welt, Michael und Nadine Schneider
- Wundersames aus der Tierwelt, TIME-LIFE Collection